www.rusticaeditions.com

Dépôt légal : octobre 2019
ISBN : 978-2-8153-1369-8
Code MDS : RU0094
1re édition - N° d'éditeur : R20163

Bernard Baudouin

Arbres sacrés

Légendes et symboles

Rustica éditions

Sommaire

Avant-propos

Nous vivons dans un univers fascinant.

La vie surgit, émerge et s'impose de toutes parts, sous une multitude de formes. Vibrante, exubérante, impatiente, elle emprunte tous les chemins possibles pour affirmer son pouvoir sur l'inertie de la matière.
Depuis l'aube des temps, les hommes n'ont cessé d'affirmer qu'ils en étaient l'expression la plus aboutie et respectable, dignes de tous les éloges, jusqu'à prendre l'ascendant sur les autres formes d'existence.
Mais, dans leurs rêves et leurs espoirs les plus fous, dans leur insatiable besoin de conquêtes, ils ont oublié qu'il existait une forme de vie qui les dépasse et les surpasse depuis 370 millions d'années, bien avant que le premier hominidé soit apparu sur la planète Terre.

Il s'agit d'un « peuple » autrement plus présent, héros des légendes les plus anciennes, des symboles les plus secrets, des mythologies et des contes les plus fascinants qui, au-delà des continents, des ethnies, des cultures, rapproche les hommes dans un authentique lien avec la nature.

Un peuple discret, qui ne s'est jamais autoproclamé « maître du monde », et qui pourtant, au fil des millénaires, surmontant les extinctions massives ayant ravagé la Terre, n'a jamais connu aucune frontière, faisant de la planète entière son lieu de vie, avec pour seule ambition de perpétuer l'existence de ses milliards d'individus et de contribuer, dans l'ombre des civilisations, à la survie et à la subsistance des sociétés humaines.

Dans des environnements où tout paraît simple, évident à perte de vue, mais qui flirtent en permanence avec le fantastique et l'incomparable, de grandes familles occupent depuis toujours des territoires illimités où la puissance, la grandeur majestueuse et la longévité imposent le respect et donnent l'irrésistible envie d'une rencontre.

Alors ne dites rien, ne bougez plus. Au terme de ces quelques mots, vous allez entrer dans un univers magique, auréolé de mystères, emprunt de pouvoirs invisibles au-delà du temps et de l'espace, qui depuis toujours ont accompagné les hommes.

Bienvenue dans le monde des ARBRES !

L'arbre,
une affaire de famille

Quels que soient leur nature, leur environnement, leur longévité ou leur envergure, les arbres ont toujours été les proches compagnons des hommes.

Tout au long de l'histoire humaine, ils ont nourri, chauffé, protégé les hommes de toutes races et conditions, jouant un rôle majeur dans le bien-être, la subsistance et la perpétuation des générations.
Mais, au-delà de ce qu'ils offraient, ils se sont imposés à toutes les époques comme des contemporains indéfectibles de nos sociétés, jusqu'à faire partie de notre vie quotidienne.
Étendant leurs bois et leurs forêts aux quatre coins du monde, à perte de vue et de contrées, ils ont toujours été présents dans nos paysages, nos sociétés, seuls ou en « familles » de dizaines, centaines ou milliers d'individus.
Car, à l'image des hommes, les arbres appartiennent à des communautés et des genres clairement identifiables, qui s'apparentent à de véritables lignées familiales, enracinées sous des latitudes, des reliefs et des climats particuliers, depuis des millénaires.

Bien avant que les hominidés apparaissent sur Terre, il y a 7 millions d'années, le premier arbre, l'*Archaeopteris*, avait vu le jour depuis longtemps au Dévonien, il y a 370 millions d'années !
Nul ne pouvait alors contester aux arbres le droit du sol.
Depuis ces temps anciens, les écosystèmes, les extinctions massives successives d'espèces végétales ont permis aux plus robustes de subsister, et bientôt de coloniser la planète entière, jouant un rôle majeur dans le cycle de l'eau et l'instauration d'une biodiversité propice à la vie.

Les familles reconnues

Le terme de « famille » est particulièrement approprié, car il existe aujourd'hui près de 100 000 espèces d'arbres sur Terre, qui représentent le quart des espèces végétales vivantes. On les distingue par leur taille, leur tronc, leurs tissus, leurs branches, leur rôle dans la photosynthèse, ou encore leur surface terrière.

Les botanistes classent les arbres en autochtones, introduits ou acclimatés. La phytosociologie les recense en communautés ou regroupements végétaux. Quant aux forestiers, ils les définissent en termes d'essences ou d'utilité sylvicole.

IL EXISTE AUJOURD'HUI PRÈS DE 100 000 ESPÈCES D'ARBRES SUR TERRE, QUI REPRÉSENTENT LE QUART DES ESPÈCES VÉGÉTALES VIVANTES.

Une autre classification repose sur les rôles et les usages que l'homme attribue aux arbres, lesquels procurent une matière première dont les propriétés mécaniques et esthétiques, à la fois remarquables et très diverses, entrent dans un grand nombre d'utilisations. Certaines familles d'arbres sont utilisées pour leur bois (chauffage, charpente, construction, cellulose, tanins…), d'autres pour leur écorce (liège…), leurs feuilles (élevage du ver à soie…), leurs fruits (frais, secs, matières oléagineuses…), leurs inflorescences et sécrétions (résine, sève…), ou encore l'agrément (ornement, ombrage, parcours aventure…). Sans oublier leurs fonctions écologiques (assèchement des marais, lutte contre l'érosion, préservation de la biodiversité…), ou encore médicales (phytothérapie…).

Des records sans pareils

Comme dans toutes les familles, il y a chez les arbres des « individus » hors normes, dont les caractéristiques sortent de l'ordinaire, jusqu'à parfois atteindre des records.
L'arbre le plus haut jamais recensé officiellement était un *Eucalyptus regnans*, qui se dressait en Australie, à la fin du XIXe siècle, à 132 mètres de haut ; plusieurs autres sujets de la même famille auraient atteint les 140 mètres. Un séquoia à feuilles d'if (*Sequoia sempervirens*) détient aujourd'hui le record de hauteur, en Californie, à 115,55 mètres.
Autre phénomène dans le monde des arbres, un épicéa (*Picea abies*) pourrait être le plus vieil arbre du monde. Après avoir germé en Suède, sur la montagne Fulufjället, en 7158 avant J.-C., et bien que la plante mère soit morte depuis longtemps, on décèle sous la partie visible aujourd'hui un matériel génétique vieux de 9 550 ans. Quant au plus vieil arbre non clonal, il s'agit d'un pin Bristlecone (*Pinus longaeva*) âgé de 5 063 ans, localisé aux États-Unis en 2012 dans les montagnes Rocheuses.
Et les chiffres ne sont pas moins spectaculaires dès lors que l'on estime la surface d'un arbre. On considère généralement qu'un arbre feuillu de 15 mètres s'étend sur l'équivalent de

LES FAMILLES D'ARBRES SONT AUSSI IMPRESSIONNANTES QUE PEUVENT L'ÊTRE LES LIGNÉES FAMILIALES HUMAINES...

200 hectares. Le poids de l'arbre, qui double quand il est mouillé par la pluie, peut également être exceptionnel, tel celui du séquoia géant appelé « General Sherman », aux États-Unis, recensé comme étant le plus volumineux, haut de 83,8 m et avec un tronc de 1 487 m^3.

Des familles en déclin

Les familles d'arbres sont tout aussi impressionnantes – et dignes de respect – que peuvent l'être les lignées familiales humaines qui se perpétuent au fil des générations. Et ce n'est pas un hasard si leurs descendants sont désormais présents aux quatre coins de la Terre.

En 2005, un recensement par satellite a permis d'estimer la couverture forestière de notre planète à 3,9 milliards d'hectares, qu'une étude de 2015 a confirmé, évaluant le nombre « d'individus » à 3 040 milliards.

Quant à la cohabitation des hommes et des arbres, on évalue aujourd'hui scientifiquement qu'environ 15 milliards d'arbres sont abattus chaque année, leur nombre global ayant chuté de 46 % depuis le début de la civilisation humaine.

Comme dans toutes les familles, il y a chez les arbres des « individus » hors normes, dont les caractéristiques sortent de l'ordinaire, jusqu'à parfois atteindre des records.

Et les familles parallèles

Dans le monde des arbres, comme dans toute société, il y a l'officiel et le non-officiel, les certitudes et les croyances, le visible et l'invisible. On ne s'étonnera donc pas de voir que l'arbre peut être parfois considéré et apprécié sous des aspects insolites de prime abord, qui cependant reposent sur des fondements vieux de plusieurs siècles.
Au-delà des définitions des botanistes et des scientifiques de tous ordres, on réalise tout à coup que certains arbres, sous des dehors parfaitement communs, appartiennent aussi à des sortes de familles « parallèles », que seuls les initiés reconnaissent et approchent.

Des arbres et des hommes

Qui franchit la limite de l'immédiatement perceptible dans l'univers des arbres découvre alors qu'il existe des arbres profanes, d'autres sacrés ; des arbres réels, ou bien imaginaires ; des arbres bénéfiques et leurs penchants maléfiques ; des arbres mâles, d'autres femelles, voire hermaphrodites ; ou encore des arbres sociaux et certains autres solitaires.

Nous entrons là dans un monde où les considérations matérielles et factuelles deviennent secondaires, laissant place aux interprétations les plus diverses, nourries de symboles,

de mythes, de contes et de légendes, que des ethnies, des communautés, parfois même des peuples entiers, ont entretenus au fil des siècles, jusqu'à les intégrer durablement dans leur conscience collective et leur mode de vie.
La « personnalité » de chaque arbre, chaque bois, chaque forêt, selon son essence, son implantation, son étendue, mais aussi l'énergie qui s'en dégage, prend soudain une signification très particulière, à la fois dans son environnement et dans ses rapports avec la société des hommes.

Les multiples dimensions de l'arbre

Ce que les hommes ont constaté, de tout temps, c'est que les arbres, en dépit de la disparition régulière de certains des leurs, ont toujours été là.

Ils occupent leurs espaces, se reproduisent, pérennisent leurs communautés au fil des décennies, des siècles et des millénaires. Ils sont présents et indispensables dans un grand nombre d'occupations humaines, accompagnant les sociétés dans leur développement et leur évolution, nourrissant les populations, leur procurant de quoi bâtir et se chauffer.

Cette présence incontournable confère à l'arbre des dimensions ayant un sens autrement plus fort que sa taille, son poids ou ses fruits, jusqu'à l'élever, en de multiples occasions, au rang de véritable symbole.

L'arbre ésotérique

C'est le propre de l'homme de « mettre ensemble » – racine grecque du mot *symbole* –, en une association des plus subtiles, une forme concrète avec une représentation abstraite lui donnant un sens particulier. Le symbolique prend alors le pas sur le réel, ouvrant la voie à des concepts aux interprétations « décalées » du monde matériel.

De par sa régénération perpétuelle, l'arbre n'est plus seulement fait de bois, il devient hautement sacré, mythique, rituel, symbolique. Dans sa manière de traverser le cycle annuel des saisons, et plus largement le temps au fil des années et des siècles, on voit en lui un signe de fécondité, d'évolution incessante qui lui confèrent une dimension cosmique.

Symbolisant la vie qui persiste au-delà de la mort et la résurrection, on reconnaît à l'arbre le rôle catalyseur d'*éveil spirituel*. Dès lors, il se pare de tous les attributs d'un mysticisme aux multiples formes.

À chaque famille d'arbres, chaque espèce, vont ainsi être associés un sens, une image, une dimension cosmologique ou théologique, une envergure spirituelle, une certaine aura de pouvoirs vibratoires, révélant, au-delà des apparences, les aspects invisibles de leur véritable présence aux non-initiés. Ici, l'arbre sera associé aux forces de la vie, là il symbolisera le monde, ailleurs la fécondité ou l'immortalité. Il pourra aussi représenter la paix, la sérénité, la robustesse et la liberté, voire une civilisation tout entière et, pour certains, il deviendra l'emblème d'une nation, ou encore l'objet de célébrations rituelles.

Sa longévité et ses dimensions en feront un arbre sacré dans les mondes archaïques : chez les Celtes (chêne), les Germains (tilleul), les peuples scandinaves (frêne), dans l'Orient islamique (olivier), dans les plaines de Sibérie (mélèze, bouleau). Non seulement pour lui mais aussi pour ce qu'il représente, il sera vénéré telle une image du cosmos.

L'arbre cosmique

Dans sa dimension cosmique, par son envergure, sa longévité laissant clairement entendre qu'il se régénère à l'infini, l'arbre est reconnu comme une essence majestueuse, un géant se dressant et s'élançant fièrement dans le ciel, digne en tout point d'être vénéré.

Depuis l'aube lointaine des mondes archaïques, il incarne les forces sacrées de l'univers. À lui seul, il est l'univers, le cosmos tout entier. Au-delà de son ancrage dans la matière, dans la puissance qu'il manifeste, il devient cosmique, à l'image de tout ce qui, par essence, « est ».

« Je me souviens des géants nés à l'aurore des temps,
De ceux qui jadis m'ont donné naissance.
Je connais neuf mondes, neuf domaines couverts par l'arbre du monde,
Cet arbre sagement édifié qui plonge jusqu'au sein de la terre…
Je sais qu'il existe un frêne qu'on appelle Yggdrasil
La cime de l'arbre est baignée dans de blanches vapeurs d'eau,
De là découlent des gouttes de rosée qui tombent dans la vallée.
Il se dresse éternellement vert au-dessus de la fontaine d'Urd. »

(Extrait des poèmes mythologiques de l'Edda)

L'arbre de vie

Renaissant perpétuellement de lui-même au fil du temps, l'arbre devient un symbole d'immortalité, de fécondité perpétuelle… et finalement de vie.

Les anciens peuples du Nord voient les racines d'Yggdrasil, l'arbre de vie, plonger au cœur de la Terre, jusqu'au royaume des géants et de l'enfer, là où Odin, dieu de la magie, des prophéties et de la guerre, revient inlassablement pour s'abreuver à la fontaine miraculeuse Mímir, source de l'intelligence et de la sagesse.

Les anciens Égyptiens élèvent l'arbre de vie au rang d'un dieu de la végétation, aux bras divins, déversant ses bienfaits sur le monde. Attis prend alors la forme d'un sapin, Osiris celle d'un cèdre ; la déesse Hathor donne boisson et nourriture à l'âme des morts dans un sycomore, arbre céleste vénéré entre tous.

Les Grecs n'échappent pas, eux non plus, à la fascination pour l'arbre de vie, toujours associé aux dieux les plus éminents, tels le chêne oraculaire sacré de Zeus à Dodone, le laurier d'Apollon à Delphes, ou encore l'olivier sauvage d'Héraclès à Olympie.

Dans l'Éden hébraïque, l'arbre de vie, à la source des existences, restera lui aussi toujours omniprésent :
« L'arbre de vie au milieu du jardin, avec l'arbre de la connaissance du bien et du mal. Un fleuve sortait de l'Éden pour arroser le jardin, de là il se divisait et formait quatre bras. »
(Genèse, II, 9-10)

Et l'arbre, dans toute sa noblesse et sa grandeur, de rester associé à la vie de la plus élémentaire des manières, hier comme aujourd'hui, symbole de fécondité des couples dans le rituel du « mariage des arbres », ou lorsqu'il s'agit de se frotter à l'écorce d'un arbre pour devenir fécond.

Renaissant perpétuellement de lui-même au fil du temps, l'arbre devient un symbole d'immortalité, de fécondité éternelle...

L'arbre symbolique

L'arbre est le lieu, l'endroit, la forme douée de vie et de régénération, où le ciel s'enracine à la terre. « *Ses racines fouillent les profondeurs cachées du sol dans lequel elles se développent ; son tronc et ses branches maîtresses fendent l'espace aérien ; c'est dans les hauteurs que se balancent ses fines ramures et ses fleurs. L'arbre est le symbole par excellence de la vie en perpétuelle évolution. Le déroulement de son cycle annuel l'associe tout naturellement à la succession de la vie, de la mort et de la renaissance.* »

Forêts et vénération

L'assemblée des arbres – la forêt – marque la transition entre le territoire des hommes et celui de la nature. Vénérées, respectées, mais aussi craintes, les forêts deviendront le refuge des proscrits, des brigands, des ermites. Sacrées à la Préhistoire, elles deviendront les premiers temples du devin, puis seront élevées au rang de cathédrales par la chrétienté, quand bien même elles abriteront les païens incultes. Leur noble matériau inspirera les architectes de tous les temps qui, s'inspirant de la forme des arbres, en feront les piliers de leurs temples les plus majestueux.

L'axe du monde

Dans sa dynamique verticale, l'arbre assemble autour de lui le cosmos tout entier. Représenté par Yggdrasil chez les Germains, Yaxché chez les Mayas ou Kien-mou chez les Chinois, il pousse au centre du monde et porte les couches du ciel. Les Anciens lui reconnaissaient le pouvoir de relier le monde chtonien ou souterrain et le monde ouranien ou céleste. Par ses branches, il touche les cieux, et par ses racines, il accède au monde souterrain de la mort.

'ARBRE, « AXE DU ONDE », MET EN ELATION LES TROIS IMENSIONS : LE OUTERRAIN, LA ERRE ET LE CIEL.

L'arbre, au centre de tout

L'arbre, « axe du monde », met en relation les trois dimensions : le souterrain (ses racines), la Terre (son tronc), et le ciel (ses branches). Les quatre éléments se retrouvent également en lui : l'eau circule dans sa sève, la terre s'intègre à son corps par ses racines, l'air nourrit ses feuilles et le feu jaillit de son frottement.

Les Arbres Maîtres

Il est des arbres qui ne ressemblent à aucun autre. Ce sont les grands arbres, ceux que l'on appelle les « Arbres Maîtres ». Ils sont magnifiques, puissants, s'imposent au milieu des autres arbres, ou seuls dans un pré, une clairière. Ici, on leur reconnaît un caractère sacré, là on en fait des arbres totems. Liens indéfectibles entre les énergies cosmiques et les énergies telluriques, de nombreuses traditions les considèrent comme les gardiens de la Terre, de l'humanité tout entière. On leur attribue une évolution dépassant les trois cents millions d'années.

« Ô MON ÂME, TU ES ARBRE, ARBRE DE L'UNIVERS, ARBRE AUX RACINES DE LUMIÈRE, ARBRE AUX FRUITS D'ÉCLAIRS. »
(Mario Mercier, *L'Enseignement de l'Arbre Maître*)

Ils se dressent majestueusement sur des lieux où l'énergie est puissante, où jaillissent les forces magistrales issues du centre de la planète. Ils ont le pouvoir de tisser avec tous ceux qui les approchent des liens intimes, de les recharger en énergie, et renferment aussi en leurs flancs d'autres pouvoirs mystérieux réservés aux seuls initiés…

Source d'énergie vitale

Il est dit que les Arbres Maîtres appartiennent à un plan divin et, tels des canaux énergétiques entre le ciel et la terre, ont une mission à accomplir auprès des hommes, apparentée le plus souvent à une protection, sous forme de régénération permanente de l'environnement propice à la vie humaine.

Ce sont des arbres guérisseurs par excellence, qui permettent de renouer avec l'essence première de la vie ; le seul fait de s'adosser à eux, ou même de venir se lover dans une cavité de leur tronc, réactive les canaux d'énergie primordiale et ressource en profondeur toute forme de vie.

Les Arbres Maîtres sont reliés souterrainement à tous les arbres qui les entourent. Lorsqu'on abat l'un d'eux, c'est parfois tout un bois, une forêt qui dépérit rapidement, bientôt disparaît, et par voie d'une conséquence immuable les énergies environnantes s'étiolent une à une.

Les Anciens avaient ainsi coutume de dire que si les Arbres Maîtres venaient un jour à disparaître, ce serait la Terre entière, ayant rompu l'influence stabilisante et l'équilibre subtil entre les forces cosmiques et telluriques assurés par les « arbres protecteurs », qui s'assécherait et commencerait à mourir.

Une « société » d'arbres

IL EST DÉSORMAIS PROUVÉ QUE CHAQUE ARBRE EST EN MESURE DE PERCEVOIR LA PRÉSENCE, L'ÉTAT ET LES RÉACTIONS DE SES VOISINS.

Le rôle des Arbres Maîtres prend toute son importance, et une tout autre dimension, quand la science nous révèle que les arbres sont loin d'être des individus isolés poussant les uns près des autres. Bien au contraire, les biologistes ont découvert qu'il s'agit en réalité d'êtres sociaux, entretenant entre eux des liens très étroits.

En effet, il est désormais prouvé que chaque arbre est en mesure de percevoir la présence, l'état et les réactions de ses voisins. On sait qu'il existe un phénomène apparenté à une forme de mémorisation – la « mémoire des arbres » – qui permet à chaque sujet de prendre en compte, dans le temps, des informations relatives à ses proches congénères, et d'aller jusqu'à modifier son propre comportement (croissance, période de floraison, maladie ou régénération…) en fonction de sa situation au sein d'un groupe d'arbres plus ou moins important.

On sait aujourd'hui que les champignons, qui se plaisent à pousser au pied des arbres, entretiennent des liens privilégiés avec ces derniers et jouent un rôle majeur, par leurs ramifications souterraines, dans une communication quasi permanente entre les arbres par le biais de leurs racines. Il s'ensuit une surprenante capacité pour les arbres, non seulement à réagir individuellement et collectivement aux modifications pouvant survenir dans leur environnement, mais aussi à instaurer « en groupe » des réactions appropriées pour faire face aux imprévus de la nature.

Un gigantesque réseau souterrain

De très sérieuses études ont démontré que les arbres, comme les plantes, communiquent entre eux *via* un réseau fongique souterrain appelé « *mycorrhizal mycelium* » – un champignon vivant autour des racines des arbres, qui assure l'acheminement de carbohydrates, de nutriments et d'eau – et surnommé *Wood Wide Web* par les spécialistes. Par ce biais s'effectuent des transferts de nourriture, mais aussi d'informations, qui permettent aux arbres les plus anciens de faire parvenir aux plus jeunes à la fois une meilleure connaissance de leur environnement et des réactions à avoir vis-à-vis de celui-ci, mais également des apports énergétiques leur assurant une croissance harmonieuse, qui se retrouve notamment dans la qualité des fleurs ou des fruits produits par les arbres en question.

Un système de défense subtil

Des scientifiques ont ainsi révélé, par exemple, le cas de certains acacias qui, se sentant agressés, soit par des animaux, soit par des éléments naturels, ont modifié la teneur chimique de leur sève, le taux de tanin dans leurs feuilles augmentant aussitôt de façon totalement inhabituelle. De toute évidence, il faut y voir un véritable système de défense des arbres, qui dans certains cas peut s'étendre à tout un bosquet ou même à une forêt entière… prouvant, s'il en est encore besoin, que les arbres communiquent bien entre eux !

Un autre exemple, des plus significatifs, vient encore attester la fascinante aptitude des arbres à communiquer entre eux. Une expérience très simple, au cours de laquelle on enferme l'extrémité d'une branche d'acacia dans un sac en plastique, engendrant une forme de stress chez l'arbre, montre qu'en peu de temps l'air emprisonné dans le sac se charge en phéromones. Il suffit alors d'ôter le sac en plastique, libérant l'air chargé de molécules de phéromones dans l'atmosphère, pour qu'en quelques minutes, porté par le vent, un gaz simple – l'éthylène – atteigne les arbres environnants… qui eux aussi, intégrant aussitôt cette « information » des plus subtiles, et bien que non agressés, augmentent de près de 60 % le taux de tanin contenu dans leurs feuilles.

D'où la conclusion qu'en cas de danger, non seulement l'arbre se défend en modifiant sa propre structure et ses émissions vibratoires, mais il avertit également ses congénères à l'aide de messages gazeux, leur transmettant l'information d'un danger imminent en provenance d'une offensive prédatrice animale, humaine ou climatique.

C'est ce que mentionnent les traditions ancestrales de certaines tribus d'Indiens d'Amérique, qui affirment depuis toujours que les arbres, objets d'un grand respect comme toutes les productions de la Nature, « parlent » entre eux.

Aux détracteurs qui affirment encore qu'un arbre ne peut ressentir la douleur parce qu'il n'a pas de système nerveux, il est aisé de répondre, le plus simplement du monde, ainsi que le démontrent les scientifiques, que le neurone et le système nerveux ont le même type de structure (d'arborescence)… qu'un arbre !

Il s'agit en réalité d'êtres sociaux, entretenant entre eux des liens très étroits.

L'arbre, aux mille visages

Lorsque les hommes ont tenté de comprendre la portée réelle de leur existence, qu'ils ont pris la mesure de la fin annoncée pour tout individu, ils ont réalisé qu'il était impératif de donner du sens au chemin de vie de chacun.

C'est ainsi que sont apparues les premières pratiques rituelles, les premières croyances partagées, qui bientôt allaient donner naissance aux premiers embryons de religions.

Sur ce socle s'érigèrent des mythes, des légendes, des récits fantastiques, se développèrent des mythologies complexes, s'alignèrent les mots des grands textes sacrés. Tous faisaient référence à des dimensions bien plus qu'humaines, à une part de divin, au-delà et dans l'homme.

Il était inévitable que les arbres, compagnons de toujours des hommes, en vinssent eux aussi, au gré des saisons, des années, des décennies, des siècles de leur vie, à se parer d'une multitude d'expressions et d'interprétations qui éclairent leur présence d'une flagrante évidence, et de la plus concrète des manières, démontrent le rôle primordial de leurs lignées auprès de l'humanité tout entière.

Toutes les communautés, toutes les ethnies, toutes les civilisations eurent ainsi à cœur de célébrer le « Monde des Arbres », sous toutes ses formes, ses fascinantes énergies, ses productions dédiées à la vie, ses renaissances perpétuelles, y voyant au-delà de la seule matière le signe d'une complémentarité essentielle à la perpétuation de la vie humaine.

L'arbre au cœur des religions

Adeptes de trois grands cultes naturalistes, les Gaulois respectaient et vénéraient les dieux-arbres.

Les chamans sibériens en font l'axe de l'univers par lequel gagner le monde-autre. Les Tatars de l'Altaï le désignent comme la demeure du Grand Dieu.

Les chrétiens y voient l'arbre de vie de la Genèse, de la Croix et de la première alliance, conférant l'immortalité.

L'Inde et ses Upanishads considèrent l'univers comme un arbre renversé plongeant ses racines dans le ciel, alors qu'il étend ses branches au-dessus de la Terre tout entière. Couper l'arbre à sa racine reviendrait à retirer l'homme du cosmos.

L'islam, pour qui les racines de l'Arbre du bonheur plongent dans le dernier ciel, n'est pas en reste, la Hakikat étant symbolisée par un arbre nourri de la terre et de l'eau, dépassant le septième ciel.

Le dragon et le phénix sont inclus dans l'arbre de vie chinois, vénéré pour l'immortalité.

Les anciens Égyptiens reconnaissaient Isis et Osiris pour être « sortis » de l'arbre de vie.

En Iran, on pense que les dieux ont insufflé leurs âmes dans les arbres, adorant ces derniers jusqu'à leur demander santé et vie éternelle.

La kabbale, pour sa part, fait de l'Arbre des Sephiroth l'Arbre des mondes, où Dieu est censé avoir implanté ses forces. Les Mayas, enfin, reconnaissent que les dieux, après avoir relevé le ciel, ont utilisé un arbre pour le soutenir, puis quatre autres aux quatre coins de la Terre, le cosmos tout entier tournant alors autour de l'axe central.

L'Inde et ses Upanishads considèrent l'univers comme un arbre renversé plongeant ses racines dans le ciel.

L'âme des arbres

Les arbres d'aujourd'hui, sur tous les continents et dans toutes les provinces jusqu'aux plus reculées, ont hérité de ces croyances, ces mythologies, ces textes sacrés ayant éclairé les peuples au fil du temps.

L'ÂME DES ARBRES RESTE CHARGÉE DES INVOCATIONS, DES ADORATIONS DE GÉNÉRATION EN GÉNÉRATION, DES COMPLICITÉS INTIMES ENTRE CIEL ET TERRE DEPUIS L'AUBE DE LA VIE.

Pour qui se donne la peine de les approcher, avec le respect qui leur est dû, l'âme des arbres, dans chacune de leurs familles, reste chargée de ces invocations, ces adorations de génération en génération, ces complicités intimes entre ciel et Terre depuis l'aube de la vie.

Ce peut être quelques mots, une image, un proverbe, un symbole, une légende, une pratique anodine aux accents de rituel, mais il s'agit bien souvent, encore et toujours, d'un authentique attachement de l'homme à l'arbre, aux racines profondes des forces de vie.

L'Abricotier

(Prunus armeniaca)

Considéré de très longue date comme la nourriture des dieux, l'abricotier symbolise aussi la passion et la sensualité. Les astrologues l'associent à la planète Vénus, car il renfermerait le pouvoir d'éveiller et d'évoquer le désir émotionnel et charnel dans ses formes les plus passionnées. Ainsi, dans certaines contrées, comme en Andalousie, les jeunes femmes mettent des fleurs et des feuilles d'abricotier sous leurs jupes ou leurs robes, ce qui est censé les rendre irrésistibles.

De nombreux peuples reconnaissent également à l'abricotier des vertus médicinales incontestables. Outre le fait de donner un fruit très savoureux, il est porteur d'une tonicité peu commune, qui stimule la santé sur le long terme.

Certains peuples, notamment en Asie, le consomment en grande quantité, très régulièrement, et on lui attribue des records de longévité au sein de la population.

**Il renfermerait
le pouvoir d'éveiller
et d'évoquer le désir.**

L'Acacia

(*Acacia fimbriata*)

L'acacia est auréolé d'une importance particulière dans la mythologie et l'imagerie judéo-chrétienne, où il tient une place majeure en tant que symbole d'immortalité et de renaissance perpétuelle, devenant ainsi un véritable support du divin. Dans la mystique de la religion juive, l'arche d'alliance de Noé aurait été conçue en acacia recouvert d'une fine couche d'or. Pour les chrétiens, son bois dur, souvent considéré comme imputrescible, mais aussi ses épines dangereuses et ses fleurs aux couleurs évoquant le lait et le sang, ont conduit à choisir l'acacia pour tresser la couronne d'épines du Christ.

En Afrique ou en Inde, l'acacia est un symbole de l'enchaînement perpétuel de la vie et de la mort, faisant référence à la connaissance perdue des Anciens, que tout initié doit s'attacher à retrouver lors d'initiations secrètes, telle une quête spirituelle sans fin. Dans le calendrier républicain, l'acacia était le nom donné au 14e jour du mois de prairial.

On retrouve également une forte connotation symbolique de l'acacia dans la franc-maçonnerie, où sa branche est liée à la légende d'Hiram, l'architecte du Temple de Salomon. Par sa résistance et sa longévité, il évoque également la puissance, le courage indéfectible face aux épreuves de la vie. On retrouve ces mêmes vertus de protection dans le domaine médicinal, où on lui attribue des propriétés toniques et

diurétiques, certaines préparations à base d'acacia permettant notamment de traiter très efficacement les calculs biliaires. On recense plus de mille cinq cents espèces d'acacias dans le monde, dont près de mille en Australie.

L'Acanthe

(Acanthus)

Dans la mythologie grecque, Acanthe était une nymphe, qu'Apollon, dieu du soleil, décida un beau jour d'enlever, mais elle se refusa à lui et le griffa au visage. Pour la punir, il la transforma en une plante épineuse portant son nom.

La feuille d'acanthe a, de longue date, été très présente dans les représentations symboliques et les décorations du monde antique comme du Moyen Âge, depuis les chapiteaux corinthiens jusqu'aux chars funéraires les plus emblématiques.

L'ACANTHE FIGURE DE FAÇON RÉCURRENTE DANS L'ARCHITECTURE FUNÉRAIRE

L'acanthe figure de façon récurrente dans l'architecture funéraire, ses piquants parfois impressionnants étant censés symboliser, dans les mythologies anciennes, la victoire des héros et des défunts sur toutes les épreuves humaines, et en particulier la mort.

L'Amandier

(Prunus dulcis)

Depuis l'aube des temps, la mythologie a fait la part belle à l'amandier, le considérant à la fois comme un arbre fragile et sensible, mais aussi comme un symbole fort, évoquant la renaissance de la nature et, dans de nombreuses cultures, la part divine de l'homme.

La Grèce antique voyait en l'amandier une telle puissance créatrice qu'elle considérait son fruit, une fois pressé, comme la semence de Zeus.

La légende dit qu'Héra transforma la princesse Phyllis, alors affligée par l'absence de son amant, en un amandier ; lorsque celui-ci fut de retour, il embrassa le tronc de l'arbre et ses larmes se transformèrent en fleurs.

La religion chrétienne considère pour sa part que cet arbre a un lien direct avec Dieu, ce qui confère à l'amande la capacité de « féconder une vierge sans union sexuelle », et la Bible, quant à elle, se réfère maintes fois aux facultés hautement bénéfiques des fruits de l'amandier.

Au Moyen Âge, de nombreux chants faisaient allusion à la fleur d'amandier comme expression de la pureté cathare.

Dans certaines contrées d'Europe, on croit encore avec ferveur qu'une jeune fille qui s'endort sous un amandier, et qui s'abandonne à rêver à son amoureux, peut se réveiller enceinte.

Les vertus médicinales de l'amandier sont reconnues et mises en œuvre depuis fort longtemps. L'amande entre dans la composition de nombreux vermifuges, laxatifs, calmants, préparations émollientes, diurétiques ou purgatives. On lui reconnaît également une réelle efficacité pour traiter les affections pulmonaires, la coqueluche, l'insuffisance hépatique, la toux et les maux de gorge.

Le lait d'amande est réputé pour sa douceur, son pouvoir tonifiant et purifiant sur l'épiderme, ce qui lui vaut notamment d'être très prisé en cosmétologie.

L'Aubépine

(Crataegus)

DEPUIS DES MILLIERS D'ANNÉES, L'AUBÉPINE EST UN SYMBOLE D'OPTIMISME, DE CROISSANCE ET DE MYSTÈRE.

Depuis des milliers d'années, l'aubépine est un symbole d'optimisme, de croissance et de mystère.

Dans la mythologie grecque, elle est associée à Maïa, aînée des Pléiades, fille d'Atlas et de Pléioné, et mère d'Hermès. Elle est fêtée au printemps, le prénom Maïa ayant donné le nom du mois de mai.

Dans nombre de civilisations anciennes, et aujourd'hui encore dans certaines contrées, on accordait à l'aubépine certains pouvoirs : une puissance capable de détourner la foudre ; la capacité de conserver la viande et le lait comestibles ; la protection des granges et des étables contre certains animaux, en particulier les serpents.

L'aubépine présente également des vertus médicinales reconnues de longue date, notamment pour tonifier le cœur et la circulation sanguine. C'est un antispasmodique largement utilisé, d'un apport significatif et très bénéfique dans le traitement de l'hypotension, l'hypertension, la tachycardie et l'arythmie.

L'Aulne

(Alnus glutinosa)

Au fil des millénaires, les contes populaires ont souvent considéré l'aulne, qui pousse au bord des marécages, comme un arbre diabolique, effrayant à plus d'un titre. Il le doit certainement à son caractère très particulier au sein de la grande famille des arbres. En effet, ses feuilles qui restent vertes jusqu'à leur chute, son bois jaune qui tourne au rouge lorsqu'il est exposé à l'air et brûle sans fumée, en font un « personnage » hors normes et impressionnant dans les forêts qu'il habite. Certaines légendes lui confèrent des liens étroits avec d'infernales puissances occultes.

Dans les temps anciens, ses feuilles, ses rameaux et son écorce permettaient de produire trois teintures distinctes : verte, brune et rouge.

Dans la Grèce antique, associé au dieu Cronos, le roi des Titans, l'aulne était clairement identifié comme étant « l'arbre des morts ».

Certaines légendes lui confèrent des liens étroits avec d'infernales puissances occultes.

Le Bambou

(Bambuseae)

Depuis des millénaires, de l'aube de la civilisation jusqu'à nos jours, le bambou est considéré, au Japon, comme l'expression d'un bon augure qui irradie la paix et diffuse l'harmonie. Tout ce qui s'y rapporte évoque le spirituel et une démarche intérieure de purification. Ses moindres aspects sont censés évoquer la rectitude (branches), la perfection (élan vers le ciel), le vide (ses entre-nœuds), le souffle originel (bruissement des feuilles).

Il joue également un rôle majeur dans la peinture et la calligraphie qu'il permet de réaliser grâce à sa texture unique et au prix d'une initiation et d'un art des plus savants.

Le Bouleau

(Betula)

Arbre des régions froides et tempérées, très résistant, sans conteste le plus lumineux de tous les arbres, dans nombre de civilisations le bouleau a été considéré comme un symbole de pureté, de beauté et de créativité.
En dépit de sa courte espérance de vie, sa finesse et son esthétisme le font apprécier comme arbre d'ornement depuis le fond des âges.

Le bouleau symbolise toutes les formes de rapprochement avec le ciel, c'est pourquoi les chamans de Sibérie grimpent à ses branches pour mieux entrer en contact avec les dieux du « monde-autre ». Ils sont d'autant plus proches du bouleau que celui-ci vit en symbiose avec l'amanite tue-mouches, le champignon qu'ils considèrent comme la nourriture des dieux et qu'ils utilisent comme drogue pour entrer en transe. Certains peuples voient également dans la simplicité de sa prestance le signe de la sérénité, l'acceptation des changements au long de la vie, la paix intérieure.

Autrefois, on utilisait les branches du bouleau pour fabriquer les verges destinées à flageller et « purifier » les aliénés et toutes les personnes accusées d'être possédées par le Mal. Les exorcistes en faisaient des décoctions qui devaient aider à faire fuir les forces démoniaques.

Chez les druides, le bouleau, appelé Arbre de la sagesse, était l'un des sept arbres sacrés du bosquet et faisait office de symbole de la connaissance druidique.
On l'appelait encore Sceptre des maîtres d'école, car ses branches étaient finement taillées pour confectionner les baguettes servant à infliger des punitions aux mauvais élèves. Dans la Rome antique, les verges de bouleau entouraient la hache symbolique des licteurs.

Au Moyen Âge, le bouleau était utilisé de différentes manières pour traiter les plaies, les ulcères, les calculs rénaux. De nos jours, on prête encore au bouleau de nombreuses vertus thérapeutiques. On extrait de ses feuilles, de ses bourgeons et de son écorce une huile essentielle très bénéfique, prescrite comme antiseptique, dépuratif, cholérétique, cicatrisant, diurétique. On reconnaît aussi aux extraits de cet arbre un grand nombre de bienfaits et une réelle action curative, notamment sur les œdèmes, la goutte, l'arthritisme, l'hypertension, la cellulite, l'obésité, les éruptions cutanées, l'artériosclérose.

Il serait également efficace pour favoriser le bon fonctionnement des reins et de la vessie.
L'écorce du bouleau est réputée pour stimuler la digestion, sa sève est recommandée contre l'arthrite et protège, comme ses jeunes feuilles, de la goutte.

**Il est dit, dans les campagnes,
que le bouleau, par sa brillance, pourrait
rendre toute leur lucidité aux névrosés.**

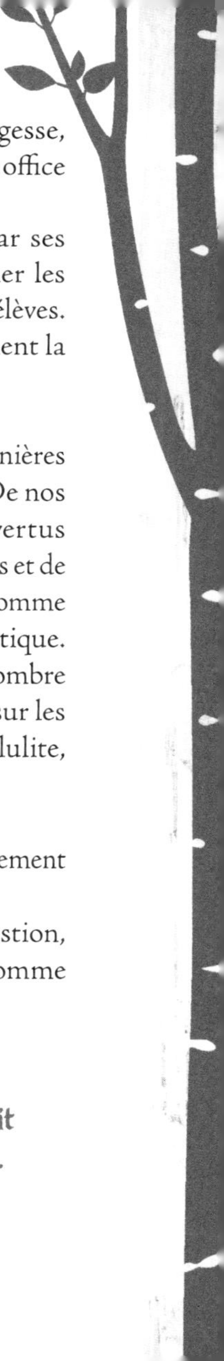

Le Buis

(Buxus)

Dans l'Antiquité grecque, le buis était fréquemment consacré au dieu Hadès, régnant sous la Terre et considéré comme le « maître des enfers ».

En Grèce ou à Rome, on l'associait aussi à Cybèle, déesse d'origine phrygienne honorée et adulée dans l'ensemble du monde antique, personnifiant la fertilité, et incarnant la nature sauvage lorsqu'on la représentait entourée de lions. Du fait qu'il reste toujours vert, le buis est aujourd'hui encore un symbole à la fois funéraire et d'immortalité.

Sa texture particulière, qui en fait un bois dur et compact, évoque également la persévérance au-delà des épreuves de la vie et de la mort.

Le Cèdre

(Cedrus)

Dans l'Égypte ancienne, les hauts dignitaires religieux chargés de préparer le pharaon défunt utilisaient l'essence de cèdre et sa résine pour embaumer le corps momifié du monarque avant son inhumation.

Le bois de cèdre du Liban aurait été utilisé pour la construction du premier Temple de Jérusalem, vers 976 avant J.-C. Il est aussi l'arbre le plus souvent cité dans la Bible (*erez*, en hébreu). Dans le Coran, Mahomet associe le cèdre aux mécréants. Conifère originaire du Moyen-Orient, d'Afrique ou de l'Himalaya, le cèdre s'est particulièrement bien adapté au climat de l'Europe continentale. Sa longévité, qui peut aller jusqu'à plus de deux mille ans, en fait un arbre exceptionnel. Dès lors, on le considère fréquemment comme un symbole de protection.

Avec son aspect majestueux, sa cime conique et son bois odorant, le cèdre évoque l'endurance, la stabilité, la durabilité, mais aussi la sagesse sereine et la sécurité. Dans le folklore français, les noces de cèdre célèbrent 49 ans de mariage. Le cèdre orne le drapeau du Liban, symbolisant les mêmes qualités.

Les nombreuses variétés de cèdre, qui peuvent atteindre une hauteur de cinquante mètres, sont souvent utilisées comme arbres d'ornement dans les jardins et les parcs, tel le cèdre bleu. Le cèdre de l'Atlas a été lui utilisé, dans la seconde moitié du XIXe siècle, pour reboiser en France des régions forestières dénudées, tels le mont Ventoux, le Petit Luberon et le sud du Vaucluse, créant ainsi la plus grande forêt de cèdres d'Europe occidentale, avec des sujets qui se régénèrent abondamment entre 500 et 1 000 mètres d'altitude. Une nouvelle campagne de replantation a eu lieu dans les années 1990, concernant 20 000 hectares de cèdres.

Considéré à juste titre comme un bois précieux, il sert aujourd'hui aux artisans pour confectionner des coffrets, des boîtes à bijoux, et divers objets à l'esthétique remarquable et d'une grande finesse.

Les vertus médicinales du cèdre sont nombreuses, en particulier l'huile essentielle du cèdre de l'Atlas qui, outre le fait d'activer la régénération cutanée, a des propriétés antifongiques, antiseptiques, cicatrisantes, astringentes et décongestionnantes. Les autorités médicales lui reconnaissent aussi le pouvoir de faciliter la relaxation, d'être drainante, lymphotonique, lipolytique, et de stimuler le réseau artériel ainsi que le cuir chevelu.

Sa longévité, qui peut aller jusqu'à plus de deux mille ans, en fait un arbre exceptionnel.

Le Cerisier

(Prunus)

Le cerisier est un arbre ornemental originaire d'Asie orientale, planté soit pour ses fruits, soit pour ses fleurs.

Il a été cultivé par les hommes depuis la plus haute Antiquité, en Grèce, dans l'Empire romain, en Anatolie et au Caucase, ainsi qu'en Chine. Il a été introduit en France en 1585, et c'est le roi Louis XV qui en a décrété et favorisé la culture intensive, à la fois pour ses fruits et pour son bois réputé de grande qualité.

Il est généralement considéré comme le symbole de la beauté parfumée et de l'existence dans son aspect éphémère, illustrée par la courte vie de sa fleur avant de se transformer en un fruit. On distingue des cerisiers à fruits de table, des cerisiers ornementaux (*sakura* ou *yoshino* du Japon), des cerisiers à fleurs (Alba-plena, Fugenzo...). Certains cerisiers, qui ont seulement la taille d'arbrisseaux, sont destinés à une fonction décorative (laurier-cerise, cerisier noir...), leurs baies étant souvent utilisées en cuisine.

La cerise a des vertus très appréciées en phytothérapie. Les Grecs déjà utilisaient les cerises pour traiter la goutte et, au Moyen Âge, la queue de cerise était déjà recommandée pour faciliter l'évacuation des urines, et plus tard pour soigner les problèmes d'arthrite. Riche en potassium, ce fruit a des propriétés diurétiques et affiche une grande richesse en vitamines A, C et E. On reconnaît aux cerises la capacité d'améliorer le fonctionnement intestinal, d'apaiser les inflammations des voies urinaires, de faciliter l'évacuation de l'eau et des toxines, et d'avoir un effet régulateur (antioxydant et anti-inflammatoire) sur le foie et l'estomac. On constate également un net ralentissement de la croissance des cellules dégénératives. On utilise ainsi très fréquemment les fruits du cerisier en tisanes, gélules, ampoules pouvant entrer dans le protocole des cures d'amaigrissement. En usage externe, la cerise permet de traiter efficacement les peaux sèches, irritées ou fatiguées.

Au Japon, lors d'un mariage, on offre aux invités, en gage de prospérité pour les nouveaux époux, une infusion de fleurs de cerisier *sakura*.

Le Châtaignier

(Castanea)

Le châtaignier, d'une croissance rapide et dont la taille peut atteindre de vingt à trente mètres, fait partie de la même famille (Fagacées) que le hêtre et le chêne.

Symboliquement, il évoque la vigueur, la générosité, l'équilibre, l'équité. Pour certains, son caractère dur et son apparence parfois sévère rappellent la droiture de la justice.
La mythologie gréco-romaine faisait du châtaignier la dépouille de la nymphe Néa, compagne de Diane, qui refusa de céder aux avances pressantes de Jupiter. Pour la punir, ce dernier la changea en un Casta Nea (la chaste Néa), dont les fruits enserrés dans une bogue piquante rappellent cette triste mésaventure.
Dans la Grèce antique, la châtaigne était considérée comme le « gland de Zeus ».

Très prisé pour son fruit – la châtaigne –, le châtaignier a lui aussi été introduit dans le monde occidental en provenance d'Asie Mineure. Des moines revenant du Liban le plantèrent dans les Cévennes et en Bretagne, sauvant à terme des populations entières d'une longue suite de famines. Ainsi, grâce à ses fruits abondants, faciles à récolter, nutritivement très riches, le châtaignier a longtemps joué un rôle majeur dans l'alimentation des peuples, notamment en Europe.
Les Celtes voyaient dans ses feuilles dentelées en forme de

lance les apparats d'un guerrier invincible que rien ne pouvait abattre, évoquant l'équilibre harmonieux et inflexible des énergies célestes et terrestres, des dieux avec les hommes. Depuis fort longtemps, on reconnaît au châtaignier des vertus médicinales incontestées, en particulier pour la circulation sanguine, pour laquelle il joue durablement un rôle reminéralisant et tonifiant.

Le bois dur du châtaignier, autrefois utilisé dans la tonnellerie pour fabriquer des barriques de vin, est aujourd'hui principalement employé pour la charpente, le parquet, ou encore les échalas des vignes.

Dans la Grèce antique, la châtaigne était considérée comme le « gland de Zeus ».

Le Chêne

(Quercus)

Aussi loin que remonte la mémoire des hommes, le chêne a toujours été le symbole de la force, de la prospérité. Il est fréquemment considéré comme le roi, le « patriarche » des forêts, dont certains spécimens peuvent parfois atteindre mille ans. Un chêne imposant de la forêt de Brocéliande, au tronc ridé et boursouflé mesurant plus de dix mètres de circonférence, est considéré comme un « patriarche des arbres », en référence à son âge, estimé à plus de 1 000 ans. Pour sa puissance, sa solidité, sa structure considérée infaillible, mais aussi sa longévité souvent exceptionnelle, les traditions les plus anciennes l'ont considéré comme l'arbre de vie par excellence.

Les premières civilisations, qui voyaient en lui l'instrument de la communication entre le ciel et la terre, le considéraient comme l'axe du monde, le support du ciel, quasi invincible. Par sa hauteur et son envergure, parce qu'il attire la foudre et côtoie le ciel, on a souvent attribué au chêne un caractère divin, mêlant étroitement le matériel au spirituel. C'est certainement la raison pour laquelle les termes *chêne* et *force* se traduisent en latin par le même mot (*robur*).

Arbre sacré, divinité suprême, le chêne a impressionné par sa majesté la plupart des civilisations. Il est dit qu'Abraham reçut les révélations de Yahvé auprès d'un chêne.

A MYTHOLOGIE
RECQUE
ONSACRAIT LE
HÊNE À ZEUS, DIEU
U TONNERRE, DANS
E SANCTUAIRE
'ÉPIRE.

La mythologie grecque consacrait le chêne à Zeus, dieu du tonnerre, dans le sanctuaire d'Épire. L'écoute du bruissement des feuilles permettait de décrypter les messages de Zeus, et c'est ainsi qu'il transforma Philémon en chêne millénaire, afin de le remercier d'avoir été un précieux et fidèle intermédiaire. Ainsi, à Dodone, dans le sanctuaire oraculaire dédié à Zeus et à la Déesse mère, les prêtres et prêtresses interprétaient les messages des dieux dans le bruissement des feuilles de chêne sous le vent.
Les guerriers valeureux au combat se voyaient offrir des couronnes de chêne. C'est également aux branches d'un de ces arbres que fut suspendue la toison d'or.

Arbre le plus commun et le plus utile, symbolisant la force et la survie, le chêne était omniprésent dans la vie quotidienne des Aryens primitifs (Indo-Iraniens, IIIe millénaire avant J.-C.), qui vivaient principalement dans des bois de chênes, dont ils faisaient un usage de diverses manières : les branches pour alimenter le feu ; le bois pour bâtir les maisons, les canots, ou consolider les routes ; les glands pour leur nourriture et celle de leurs animaux. Ce qui les conduisait à investir le chêne d'une dimension sacrée dans leur religion.

Les Celtes, quant à eux, vouaient une adoration au chêne, dans lequel ils voyaient l'emblème de l'hospitalité, au point qu'ils l'élevaient au rang d'un temple naturel.

Le chêne abritait des nymphes qui vivaient sous son écorce. Son abattage, considéré comme un prélèvement sacré, était condamnable s'il n'était pas précédé de quelques rituels permettant aux nymphes de le quitter avant, faute de quoi ces dernières ne manquaient pas de se venger.

Pour les dieux, le chêne était un attribut et un accessoire sacré, objet d'une véritable crainte superstitieuse, au point que l'on ne pouvait abattre un chêne sans accomplir des cérémonies pour apaiser l'esprit offensé de l'arbre.

Dans ses écrits, Pline l'Ancien relate que le mot *druide*, issu du grec *drûs*, serait associé au chêne… ce qui aurait conduit à désigner les druides comme étant les « hommes des chênes ». De fait, ils le considéraient comme un arbre oraculaire, dans lequel les dieux parlaient aux hommes. Dans ses branches, à l'aide d'une serpe d'or, ils cueillaient cérémonieusement le gui, lui aussi espèce divine par excellence. À ce titre, les druides, qui se réunissaient dans des *drunemetons* (bois de chênes sacrés), en faisaient l'un des sept arbres sacrés de leur bosquet. À terme, le chêne sera en grande partie à l'origine du culte des dieux et des déesses des arbres, des divinités des bois, et plus largement de la fertilité et de la fécondité.

Les premiers rois latins se considéraient officiellement comme les représentants de Jupiter, dieu du chêne, du ciel, de la pluie et du tonnerre.

Au Moyen Âge, en forêt de Vincennes, le roi Saint Louis recevait les doléances de ses sujets et rendait la justice sous un chêne majestueux. L'arbre était censé lui communiquer et conférer une lumineuse compréhension, ainsi qu'une grande sagesse.

Dans le village de Domrémy, c'est au cœur du « chêne des fées » que Jeanne d'Arc, encore jeune, entendit les premières voix célestes qui allaient sceller un destin à nul autre pareil. Parce qu'il symbolise la puissance et la robustesse, tout autant que la force morale, et qu'il attire la foudre, le chêne était fréquemment élevé au rang de divinité suprême.

On lui reconnaît également, depuis fort longtemps, des vertus médicinales dont la réputation a franchi les siècles. Son écorce est dotée de propriétés astringentes, hémostatiques et antiseptiques. On l'utilise également pour traiter les angines, les durillons, les hémorroïdes, diverses plaies, les engelures, les diarrhées, l'énurésie, la leucorrhée, les problèmes du tube digestif, les affections du foie, et parfois même la tuberculose.

Pour les dieux, le chêne était
un attribut et un accessoire sacré,
objet d'une véritable crainte superstitieuse,
au point que l'on ne pouvait abattre
un chêne sans accomplir des cérémonies
pour apaiser l'esprit offensé de l'arbre.

Le Cyprès

(Cupressus)

Conifère originaire d'Europe orientale, le cyprès peut atteindre 25 mètres de haut et afficher une longévité exceptionnelle, allant parfois jusqu'à cinq cents ans.
On a retrouvé des traces de cyprès au Crétacé inférieur, datant de 200 millions d'années, en faisant aux yeux de certains un arbre lié à l'origine de la vie.
Nombreux sont les peuples qui, impressionnés par sa longévité et sa verdeur persistante, ont considéré le cyprès comme un arbre sacré, évoquant la vie qui perdure au fil des âges, et même comme un arbre de vie référent dans leur culture et leurs pratiques religieuses.
La Grèce antique et l'Empire romain établissaient un lien direct entre le cyprès et les mondes souterrains où régnaient les divinités de l'enfer. Il faut y voir l'une des raisons pour lesquelles, dans de nombreux pays du bassin méditerranéen, on voit encore aujourd'hui des cyprès communs dresser fièrement leur haute stature dans les cimetières. Les Grecs consacraient le cyprès à Hadès, le dieu des morts. Les cercueils des guerriers morts au combat étaient faits de ce bois, censé aussi avoir servi à confectionner la flèche d'Éros.

Une ancienne tradition paysanne recommandait, à la naissance d'une fille, de planter un cyprès, lequel était abattu puis exploité à son mariage. Une légende raconte également qu'un chasseur nommé Cyparisse, ami d'Apollon, tua sa biche par erreur et, de chagrin, il se métamorphosa en cyprès. Ce serait depuis cet épisode que ces arbres veilleraient sur les morts. Une allégorie communément répandue associe pour sa part le cyprès au désespoir, car de même que l'arbre ne repousse pas quand il est coupé, il est dit que l'homme désespéré perd à jamais son courage et sa vertu.

Une ancienne légende mexicaine – étonnamment proche du récit biblique, sans avoir pu être influencée par lui – fait du cyprès le bois dans lequel a été construit le radeau sur lequel Coxcox et Xochiquetzal ont dérivé lors de l'envahissement des territoires par les eaux, avant de devenir le couple qui a permis à la vie de renaître, tels les parents de l'Humanité qui perdure aujourd'hui.

Dans de nombreuses communautés spirituelles, le bois de cyprès, réputé imputrescible, est utilisé depuis fort longtemps pour bâtir la charpente des temples. Quant aux vertus médicinales qu'on lui prête, elles s'apparentent à un ralentissement du système parasympathique et une stimulation notable des œstrogènes. Le cyprès est particulièrement recommandé dans les pathologies veineuses pour ses effets protecteurs du système vasculaire. C'est un vasoconstricteur, qui soulage notamment les problèmes de jambes lourdes, de varices, d'hémorroïdes et d'incontinence. C'est également un fébrifuge, un antitussif et un antispasmodique. Dans certaines applications, il fait également office de rééquilibrant nerveux et dermatologique.

L'Épicéa

(Picea abies)

Arbre résineux de la famille des Pinacées pouvant atteindre jusqu'à 60 mètres de hauteur, l'épicéa est également appelé épinette de Norvège. S'il peut vivre jusqu'à 300 ans en montagne, certains spécimens ont été estimés à 5 000 ans par datation au carbone 14, et d'autres jusqu'à 9 550 ans. Au cœur de la mythologie grecque, l'épicéa était dédié à Artémis, déesse de la Lune et de la vie sauvage, en qui on voyait également la protectrice des femmes enceintes. C'est ainsi qu'il devint, symboliquement, l'arbre de la naissance, ce qui allait plus tard en faire l'arbre idéal, à Noël, pour accompagner les célébrations de la Nativité dans la tradition chrétienne. Les Celtes considéraient aussi l'épicéa comme l'arbre porteur de vie.

D'un bois blanc très proche du sapin, auquel on l'assimile fréquemment dans le commerce, l'épicéa est abondamment utilisé dans l'industrie (pâte à papier, emballages...). Lorsque son bois est encore bien tendre, il sert dans la menuiserie (placage, déroulage, fabrication de poteaux et perches...) ou encore, pour les bois les plus beaux, à la lutherie.

En pharmacopée, l'épicéa est apprécié pour ses propriétés antiseptiques, balsamiques, expectorantes, sédatives, antiphlogistiques et antibiotiques. Dans ses multiples indications, on ne peut manquer de citer la distillation de la poix de Bourgogne – obtenue par incision du tronc qui permet de recueillir la résine – qui fournit l'essence de térébenthine, laquelle sert à la préparation d'onguent topique.

L'Érable

(Acer)

Originaires des montagnes d'Europe ou du pourtour méditerranéen, dès le Tertiaire, il y a 63 millions d'années, de nombreuses espèces d'érables proliférèrent de par le monde. La mythologie grecque dédiait l'érable à Phobos, dieu de l'épouvante, qui n'était autre que le fils d'Arès, dieu de la guerre, et le frère de Deimos, dieu de la frayeur.
Homère, dans l'*Iliade*, rapporte que le célèbre cheval de Troie aurait été construit en érable.
Les lances romaines étaient elles aussi fabriquées avec des branches de cet arbre, le mot « acéré », qui les caractérisait, venant du nom originel de l'érable, *Acer*.
Les druides, quant à eux, considéraient l'érable comme le messager des dieux, capable de parler aux hommes par le biais de ses branches que le vent agitait.

La légende de Merlin laisse entendre que c'est sous un érable de très grande taille que l'enchanteur venait puiser des gobelets d'eau pure à la fontaine de Barenton.

Depuis des siècles, la Chine et le Japon ont fait de la feuille d'érable le symbole des amoureux. On retrouve cette même allusion à l'amour chez les premiers colons nord-américains, qui avaient coutume de placer des feuilles d'érable au pied de leur lit à la fois pour éloigner les forces du mal, apaiser les esprits et favoriser le plaisir sexuel. Il est probable que cette tradition vienne de l'observation des cigognes qui font leur nid en tissant des branches d'érable. La feuille d'érable est également l'emblème qui figure sur le drapeau national du Canada.

Outre le fait que l'érable est fréquemment utilisé comme arbre d'alignement dans les parcs, certaines de ses variétés produisent des bois dont la texture et la résistance sont utilisées dans divers domaines : le bois clair à grains fins de l'érable plane et celui, plus dur, de l'érable sycomore, sont recherchés en sculpture, ébénisterie, lutherie, tournerie, menuiserie, ainsi que pour fabriquer des parquets ou des jouets.
Les Anciens privilégiaient l'érable pour calmer et apaiser les écarts de comportement et les violences, ainsi qu'un grand nombre d'inflammations, avec un breuvage auquel on associait d'autres ingrédients végétaux.

De nos jours, l'érable entre également dans la pharmacopée des produits naturels fréquemment utilisés, en particulier comme additif aux traitements contre l'asthénie, les affections pulmonaires, les rhumatismes, ou encore pour son action tonifiante chez les convalescents. En diététique, le sirop d'érable, désormais largement répandu dans le commerce, est considéré comme un reconstituant très efficace.

L'Eucalyptus

(Myrtaceae)

Originaire d'Australie, l'eucalyptus est un arbre à croissance rapide dont il existe aujourd'hui plus de 800 espèces, certains spécimens pouvant atteindre près de 100 mètres de haut, ayant essaimé dans de nombreux pays d'Europe, d'Afrique, des Amériques et dans certaines îles océaniques.
Les anciens aborigènes utilisaient l'eucalyptus en faisant brûler ses feuilles pour chasser les mauvais esprits. Il devint ainsi un symbole de purification.

Ses puissantes propriétés médicinales comme antiseptique des voies respiratoires l'ont fait appeler « arbre à fièvre » dans certaines contrées, comme à Tahiti.

De nos jours, en référence aux propriétés de ses feuilles, riches en cinéol (eucalyptol), l'eucalyptus est fréquemment employé en phytothérapie, sous forme de fumigations, infusions ou décoctions, pour traiter les affections de l'appareil respiratoire, notamment les bronchites, la toux, les rhumes et les sinusites. Il est également prescrit dans le traitement des affections pulmonaires, des migraines, des rhumatismes ou encore de certaines brûlures.

L'eucalyptus entre également dans la confection de gommes au goût de menthe, de pastilles ou de pâtes recommandées dans le traitement des maux de gorge.

On extrait de l'eucalyptus une huile essentielle utilisée en aromathérapie, à partir de quatre espèces d'eucalyptus :
- l'*eucalyptus citronné,* pour des applications dédiées à l'arthrite, la tendinite, les démangeaisons ;
- l'*eucalyptus mentholé,* en traitement pour les affections des voies respiratoires ;
- l'*eucalyptus radié,* dédié aux problèmes de peau ;
- l'*eucalyptus à bractées multiples,* pour combattre les affections parasitaires.

Les propriétés caractéristiques de cet arbre si particulier lui valent d'être utilisé dans bien d'autres domaines de la vie quotidienne. À titre d'exemple, il est courant de se frotter la peau avec ses feuilles odorantes pour en éloigner les moustiques chez les humains, et les puces chez les animaux domestiques. Des feuilles d'eucalyptus bouillies, placées dans un récipient, permettent d'assainir une pièce ou tout autre lieu de vie.

LES PROPRIÉTÉS CARACTÉRISTIQUES DE CET ARBRE SI PARTICULIER LUI VALENT D'ÊTRE UTILISÉ DANS BIEN D'AUTRES DOMAINES DE LA VIE QUOTIDIENNE.

Il est dit que planter des eucalyptus sur un terrain marécageux permet de l'assécher, ses racines longues et très gourmandes en eau faisant office de système drainant très performant.

Le Figuier

(Ficus carica)

Robuste et peu exigeant, véritable emblème du bassin méditerranéen et abondamment présent jusqu'en Asie centrale, le figuier est cultivé pour ses fruits depuis des millénaires. Pouvant donner jusqu'à 100 kg de figues par an, il a été l'une des sources alimentaires originelles des premiers hominidés. On a notamment pu dater une paléo-domestication par sélection intentionnelle de certains figuiers dans la vallée du Jourdain, au XIIe siècle avant J.-C., soit au début du Néolithique.

On a également retrouvé une importante iconographie, montrant des figuiers cultivés en Mésopotamie et en Égypte antique ; et il est mentionné à plusieurs reprises dans la Bible, de même que dans la célèbre *Histoire des plantes* du philosophe Théophraste, au IIIe siècle avant J.-C.
Il faut y voir l'une des raisons majeures pour lesquelles le figuier, symbole de la richesse naturelle et de la survie, est présent dans nombre de légendes et récits des anciennes civilisations.

L'hindouisme reconnaît au figuier d'avoir accueilli Vishnou sous ses branches et de l'avoir abondamment nourri de ses figues.

Ulysse, errant sur un radeau dans le détroit de Messine, se serait accroché à un figuier pour échapper au monstre marin Charybde.

Les Grecs considéraient pour leur part le figuier comme l'arbre de Dionysos.

Si le figuier symbolise généralement la générosité et l'abondance, dans la tradition juive, cependant, il est perçu sous un aspect plutôt négatif, devenant un arbre néfaste lorsqu'il est desséché ; il est alors censé représenter *« la Synagogue qui, n'ayant pas reconnu le Messie, ne porte plus de fruits »*.

Dans la Rome ancienne, Horace affirme que le figuier aurait donné son nom au foie humain, après qu'un éleveur eut réussi à produire des foies gras de grande qualité en les engraissant et les gavant de figues.

Dans nombre de traditions indo-européennes, le figuier, élevé au rang sacré d'une puissance de vie et d'immortalité, est fréquemment associé à des rites de fécondité.

Les vertus médicinales qu'on lui attribue remontent elles aussi à la nuit des temps. Dans l'Antiquité, Ézéchias fait état de guérisons dues à des cataplasmes de lait de figuier. Hippocrate en donne plusieurs utilisations médicales dans son ouvrage intitulé *Des maladies des femmes*. Dioscoride y fait également référence, tout comme Aulus Cornelius Celsus dans son *Traité de médecine*. Au Moyen Âge, de nombreux remèdes sont composés à base de suc de figuier.

On découvrira, au XIXe siècle, que le suc de figuier, à l'image des autres latex (caoutchouc, hévéa), digère les matières albuminoïdes. Quant au lait de figue, il sert également comme liant végétal pour colorants.

De nos jours, on attribue au figuier des vertus susceptibles d'apporter une aide réellement efficace dans les traitements contre les affections pulmonaires, la toux, les troubles de la circulation sanguine, les hémorroïdes, les varices, et de guérir les verrues. On l'utilise aussi comme caille-lait et purgatif.

Le Frêne

(Fraxinus)

Apparu durant le Tertiaire (- 70 millions à - 4 millions d'années) près du pôle Nord, cet arbre, dont on recense une soixantaine d'espèces, grandit et s'épanouit aujourd'hui essentiellement dans les forêts tempérées.

Son bois dur en a fait depuis longtemps le symbole de la solidité, de la puissance, conduisant souvent à l'utiliser pour faire des hampes de lances, des javelots et des flèches.

Pour les Vikings et d'anciennes traditions scandinaves, de par sa dureté et sa verdeur permanente évoquant l'immortalité, il faisait figure de lien, et même parfois de médiateur, entre le ciel et la terre, ainsi qu'entre les trois niveaux du cosmos.

Dans la Grèce antique, on voyait dans le frêne l'arbre de Poséidon, dieu de la mer et des séismes.

DANS LA GRÈCE ANTIQUE, ON VOYAIT DANS LE FRÊNE L'ARBRE DE POSÉIDON, DIEU DE LA MER ET DES SÉISMES.

Pour les peuples germaniques, le frêne portait le nom d'une rune, ce qui en faisait un arbre sacré – *l'arbre du monde* – dont l'ombre permettait à l'univers de se déployer et d'où toutes les formes de vie provenaient.

Les Celtes considéraient le frêne comme le troisième arbre de l'alphabet druidique. Ils en faisaient le symbole de la renaissance et de la fécondité aquatique, qui représentait aussi bien la puissance de l'eau que la rapidité des chevaux. Le frêne était à la fois le coursier d'Yggdrasil, leur *arbre saint,* leur *arbre roi,* et le symbole du pouvoir des druides, qui confectionnaient leurs célèbres baguettes avec ses branches. Les runes sacrées d'Odin, au langage révélé par l'alliance des sons et du vent, étaient taillées sur ses tiges.

Lors de l'extension de la chrétienté en Irlande, en Bretagne et en Cornouailles, les moines chrétiens affirmaient leur victoire sur la religion druidique en brûlant les frênes sacrés. Les pays de l'Europe du Nord ont aujourd'hui encore pour coutume de considérer le frêne comme l'arbre de la fécondité et de la féminité. Il est dit qu'une femme qui suspend une amulette dans sa ramure fait battre plus fort le cœur de celui qu'elle aime.

De nos jours, le frêne est apprécié pour sa rigidité qui permet de l'employer pour faire des manches de pelles, pioches, haches, etc., ou encore dans la fabrication de parquets très solides et résistants.

En phytothérapie, avec les feuilles de frêne, on compose des tisanes, dont la célèbre « tisane du centenaire » qui, outre le fait d'être censée garantir une longévité extrême, agit efficacement dans le traitement des douleurs articulaires, ainsi que contre diverses maladies dont la goutte.

Dans certaines régions, la sève du frêne – la manne –, très riche en sucres formés lors de la photosynthèse, est encore préconisée pour fortifier les enfants, les convalescents et les femmes enceintes.

Les Saulteaux des Grands Lacs, une tribu amérindienne peuplant les provinces canadiennes de l'Ontario, du Manitoba et de la Saskatchewan, consommaient l'écorce du frêne après l'avoir débarrassée de son amertume.

Certaines peuplades ajoutaient fréquemment la sève du frêne à celles de l'érable et du bouleau jaune pour la boire, ou la réduire en sirop.

On pouvait aussi confectionner, à partir de certaines espèces de frêne, des gommes servant à édulcorer la nourriture, ou simplement comme friandises pour les enfants.

Un peu partout en Europe, on a longtemps reconnu au frêne des pouvoirs curatifs, notamment pour traiter et guérir la hernie ombilicale du nouveau-né, ou comme antidote contre les morsures des reptiles.

Aujourd'hui encore, on attribue aux feuilles du frêne des effets notables comme antirhumatismaux et diurétiques, que ce soit par voie interne en préparant un vin médicinal, ou externe, sous forme de compresses apposées sur les zones douloureuses. L'écorce du frêne blanc est particulièrement réputée dans le traitement de la dysménorrhée et contre les rhumatismes.

Le Genévrier
(Juniperus)

Symboliquement, le genévrier, dont les feuilles protègent soigneusement ses baies, évoque la chasteté. De plus, les vers ne pouvant pas attaquer son bois, il faut probablement voir là l'une des raisons pour lesquelles on associe depuis toujours le genévrier à l'éternité.

Les textes les plus anciens font référence à ses particularités en des termes très éloquents. Dans la mythologie grecque, Apollonios de Rhodes décrit notamment comment Jason se serait emparé de la fameuse toison d'or grâce à l'intervention de Médée, qui aurait endormi le dragon avec une potion à base de genévrier. La Rome ancienne fait également une place de choix au genévrier, Pline l'Ancien décrivant avec force détails comment le temple de Diane a été bâti en Espagne avec des poutres de genévrier, lesquelles sont toujours aussi solides plusieurs siècles plus tard.

Les indications thérapeutiques du genévrier sont nombreuses. On en connaît les effets bénéfiques pour l'organisme depuis la lointaine époque de l'Égypte ancienne. Ses baies soignent l'arthrite, la goutte et la plupart des maladies rhumatismales, en ajoutant par exemple les baies de genévrier moulues dans l'eau du bain. On lui reconnaît également une action tonifiante et expectorante chez les enfants en bas âge, le plus souvent sous forme de sirop. De récentes recherches ont de plus permis de mettre en lumière une action très positive du genévrier dans le traitement du diabète, ou encore en guise de stomachique, sous forme d'infusion, pour faciliter la digestion.

Le genévrier est aussi fréquemment utilisé en cuisine, ses jeunes pousses pouvant être ajoutées à la salade, séchées en guise de thé, ou encore accompagner les préparations de gibier pour en atténuer les saveurs fortes. Il est aussi fréquent d'intégrer ses baies à la préparation de bières, rappelant la manière de faire des Amérindiens qui composaient ainsi une boisson alcoolisée. Enfin, les baies de genièvre font partie des ajouts indispensables dans nombre de recettes de choucroute.

Le Ginkgo Biloba

(Yinxing)

Le ginkgo biloba, originaire de Chine, est un arbre de la famille des *Ginkgoaceae*, la plus ancienne lignée d'arbres connue, dont on estime l'origine à près de 270 millions d'années. Dès lors, certains le considèrent comme le « doyen des arbres » sur Terre.

Allant jusqu'à trente mètres de haut, le ginkgo est particulièrement résistant, avec des sujets pouvant atteindre un âge très avancé, jusqu'à plus de mille ans. Son métabolisme exceptionnel en a fait aussi l'une des rares espèces végétales ayant résisté à l'explosion atomique d'Hiroshima en 1945. Il est surnommé « l'arbre aux mille écus », car à l'automne ses feuilles deviennent jaune doré et, en tombant, parsèment le sol d'un tapis évoquant l'or.

Au Japon, une légende veut que l'on surnomme le ginkgo « l'arbre pondeur », à la fois car ses fruits ressemblent à des œufs, mais aussi car il est dit que les fruits d'un ginkgo que l'on plante ne seront récoltés qu'une ou deux générations plus tard, ce qui en fait un symbole de transmission de lignée et d'immortalité.
En vieillissant, le tronc du ginkgo laisse apparaître des excroissances assimilées à des mamelles féminines, que les nourrices coupent et s'accaparent, discrètement et symboliquement, pour favoriser l'apparition de leur lait.

Le Hêtre
(Fagus sylvatica)

Le hêtre commun, d'une taille pouvant atteindre 40 mètres, a généralement une durée de vie moyenne de 300 ans, mais certains sujets répertoriés sont âgés de plus de 1 000 ans. On a retrouvé des feuilles fossilisées de hêtre datant du Pliocène, ce qui laisse à penser qu'il se serait différencié depuis cinq millions d'années en fonction des refroidissements quaternaires. C'est après la dernière glaciation, il y a près de 10 000 ans, qu'il s'est finalement répandu dans l'espace européen.

Avec près de 9 % de la forêt française, c'est aujourd'hui le troisième arbre le plus présent en France, après le chêne et le pin sylvestre. Plus de quarante variétés ornementales de *Fagus sylvatica* sont développées par les horticulteurs.

Symboliquement, le hêtre fait référence à la confiance, la patience, la douceur, la vitalité, le raffinement, la joie, la féminité, la sérénité, la prospérité et le succès en société.

Dans les civilisations les plus anciennes, le hêtre était couramment associé à la Déesse mère, symbole de la connaissance féminine. Les Grecs voyaient en lui Eurynomé, la déesse créatrice du monde par le chant et la danse, les Romains lui donnaient Junon pour visage, et les Celtes Belisama. Les druides d'Irlande, eux, l'apparentaient aux signes de la connaissance écrite.

Bois dur et homogène par excellence, il sert à faire des billots de boucher, mais aussi des jouets, des pieds de chaise, des pinces à linge, des meubles et des parquets. Il est une source importante de fibres pour l'industrie papetière. On en fait également des cure-dents, et ses feuilles séchées servent au bourrage des matelas. On considère par ailleurs le hêtre comme l'un des meilleurs bois pour fumer les viandes de porc et de bœuf.

Le charbon de hêtre a longtemps été utilisé pour la sidérurgie des minerais. Son bois permet d'extraire par distillation du goudron, servant à traiter les bois extérieurs, duquel on extrait ensuite une huile (le créosol), utilisée comme désinfectant des plaies ou pour traiter certaines caries.

Depuis fort longtemps, on reconnaît au hêtre un certain nombre de vertus médicinales. Son écorce, ses rameaux et ses feuilles ont une action antiseptique, astringente, et peuvent également, selon les cas, faire office de fébrifuge et diurétique. Il apporte aussi une action curative complémentaire dans le cadre de traitements contre les affections, les fièvres, les rhumatismes, le paludisme et les parasites intestinaux. Il est également recommandé pour soutenir les traitements contre les dermatoses et la tuberculose.

En herboristerie, le hêtre est utilisé sous forme de décoction, mais aussi de poudre entrant dans le traitement de la goutte, des rhumatismes, des hydropisies et des affections cutanées. Autrefois, on utilisait les cendres de bois de hêtre pour confectionner un savon artisanal très prisé.

Depuis fort longtemps, on reconnaît au hêtre un certain nombre de vertus médicinales.

Le Houx

(Ilex aquifolium)

Le houx est un petit arbre bien connu, notamment dans les sous-bois d'Europe, aux feuilles persistantes et aux fruits rouges. De longue date, on l'a considéré comme arbre de vie car il mûrit en hiver.

Symboliquement, de par son aspect épineux, il a longtemps été considéré comme diabolique, avec toutefois une réserve quant à ses fruits rouges, censés préserver la maison, en hiver, des effets maléfiques de toutes sortes. Cela est à l'origine de la tradition ancestrale selon laquelle il est bénéfique d'accrocher des branches de houx sur la porte des maisons quand l'hiver arrive, et notamment comme décorations de Noël.

Si les baies du houx sont riches en théobromine, et donc très toxiques, en revanche les feuilles de houx sont utilisées en décoction, pour traiter les rhumatismes ou les bronchites chroniques. Autrefois, dans les campagnes, on en faisait également des cataplasmes de feuilles fraîchement broyées. On leur reconnaît également un effet fébrifuge et diurétique souvent très apprécié.

Une lointaine tradition consiste aussi à produire un alcool blanc après fermentation et distillation des fruits du houx. Le bois de houx, assez rare, est utilisé pour réaliser des maquettes, et aussi par les marqueteurs et les tourneurs.

Il sert notamment à fabriquer les pièces blanches des échiquiers. Une récente légende veut également que la baguette de Harry Potter soit en bois de houx.

L'If

(Taxus baccata)

Originaire d'Europe, d'Asie Mineure et d'Afrique du Nord, l'if peut atteindre une hauteur de 25 mètres et une longévité exceptionnelle, tels ceux des gorges du Verdon ou de Normandie, qui auraient plus de 1 000 ans !

À la fois robuste, imputrescible et d'une certaine souplesse, l'if a de tout temps été utilisé par l'homme. Pendant la Préhistoire, on utilisait sa sève, très toxique, comme poison. Plus tard, les Grecs et les Gaulois ont fait de son bois des arcs, des flèches (dont ils enduisaient la pointe avec de la sève d'if), des lances et des boucliers. Au Moyen Âge, arcs et arbalètes étaient également fabriqués avec du bois d'if, au point que le *longbow*, un arc long anglais, fut décisif lors de la bataille de Crécy au XIVe siècle. On l'utilisait aussi pour confectionner des massues et des fléaux d'armes.

LES IRLANDAIS LE CONSIDÉRAIENT DANS LEUR MYTHOLOGIE COMME L'UN DES CINQ ARBRES MAGIQUES.

L'if a aussi été longtemps un arbre privilégié par les initiés ; on inscrivait les runes sur son bois, les druides taillaient leurs bâtons et leurs baguettes dans ses branches. Les Irlandais le considéraient dans leur mythologie comme l'un des cinq arbres magiques.

Les Celtes le vénéraient, voyant dans sa longévité exceptionnelle et sa robustesse le symbole de l'éternité, de l'immortalité et de la perpétuation des cycles de la vie. C'est la raison pour laquelle les ifs, qui seraient associés au symbole de la mort et du renouveau perpétuel, sont aujourd'hui encore fréquemment plantés dans les cimetières.

Le bois d'if, orangé et rougeâtre, est très prisé et utilisé en ébénisterie et en lutherie, ainsi qu'en tournage et en sculpture pour le contraste saisissant entre son cœur et son aubier. Quand bien même sa sève et ses fruits sont toxiques – au point que l'on a abattu des forêts entières d'ifs pour préserver les troupeaux qui tentaient de s'en nourrir et se voyaient ensuite décimés par empoisonnement –, l'if est reconnu pour ses vertus médicinales aux effets diurétiques et astringents, et peut parfois être utilisé comme antispasmodique cardiaque.

Le Laurier

(Laurus nobilis)

La mythologie grecque nous enseigne que le laurier est le symbole d'Apollon. Ce dernier, épris de la nymphe Daphné, la poursuivit de ses avances, mais elle s'échappa ; il allait la rattraper, lorsque le père de Daphné, le dieu fleuve Pénée, la métamorphosa en laurier. À compter de ce jour, Apollon en fit son arbre et le consacra aux triomphes.

De là vint le fait que l'on offrit bientôt, en Grèce puis chez les Romains, des couronnes de laurier aux vainqueurs des épreuves sportives ou aux poètes, et plus tard aux savants du Moyen Âge. Le mot « baccalauréat » vient directement de cette pratique, car son étymologie est *bacca laurea,* qui signifie « baie de laurier ».

Toujours en Grèce, de nombreux récits racontent que la Pythie de Delphes mâchait des feuilles de laurier en préambule à ses divinations.

OUJOURS N GRÈCE, DE IOMBREUX RÉCITS ACONTENT QUE LA YTHIE DE DELPHES IÂCHAIT DES EUILLES DE LAURIER N PRÉAMBULE À SES IVINATIONS.

La Rome antique, pour sa part, consacrait le laurier à Jupiter, le dieu des dieux.

Le fait que le laurier reste vert en hiver l'a longtemps élevé au rang de symbole d'immortalité, une vieille croyance chinoise laissant entendre que la Lune contiendrait un laurier et un immortel.

La chrétienté, quant à elle, voit dans cet arbuste un symbole d'éternité pour sa verdeur constante, et aussi de chasteté car ses feuilles ne flétrissent jamais.

La Renaissance en fera une image allégorique de la Victoire, sous les traits d'une femme ailée, posant une couronne de laurier sur la tête de tout vainqueur. Le prénom *Laure*, qui trouve également là son origine, signifie « victoire ».

On reconnaît aux feuilles de laurier-sauce la propriété de traiter les crampes abdominales, sous forme d'infusion. Et depuis fort longtemps le célèbre savon d'Alep est fabriqué avec de l'huile de baies ou de feuilles de laurier.

Le laurier trouve aussi sa place dans l'univers culinaire, pour l'arôme qui se dégage de ses feuilles, que ce soit en bouquet garni ou dans une sauce.

Le Marronnier

(Aesculus hippocastanum)

Originaire des régions montagneuses de Macédoine, le marronnier est considéré depuis fort longtemps comme un arbre bienfaisant et protecteur. C'est l'une des raisons pour lesquelles, symboliquement, en Europe et en Amérique du Nord, on le trouve fréquemment au bord des routes et des rues, ou encore dans les parcs publics. À titre d'exemple, à partir de 1870, à Paris, 80 % des arbres plantés pour l'alignement urbain ont été des marronniers.

Certains spécimens peuvent mesurer jusqu'à 30 mètres et avoir une durée de vie de plusieurs centaines d'années, à l'image d'un marronnier encore visible dans le parc d'un hôtel à Vézac, dans le Cantal. Planté en 1606, il est aujourd'hui âgé de 413 ans.
Le bois du marronnier est utilisé en menuiserie, charpente et pour fabriquer du papier.

Les vertus médicinales du marronnier sont bien connues, qu'il s'agisse de son écorce (riche en tanins et flavonoïdes), de ses fleurs ou de ses marrons dont on tire des préparations, notamment dans le traitement des maladies pulmonaires. Un extrait normalisé en escine est également prescrit pour traiter l'insuffisance veineuse. On lui reconnaît aussi une activité vitaminique P antihémorragique et des effets bénéfiques dans le traitement du diabète.

Un jeu britannique appelé *conkers* (marron se dit *conker* en anglais) oppose deux joueurs, chacun disposant d'un marron percé retenu au bout d'une ficelle, avec lequel il doit frapper celui de son adversaire, jusqu'à ce que l'un des deux marrons soit totalement détruit.

La ville de Genève, en Suisse, a élevé
un marronnier au rang de « marronnier
officiel », lui conférant le rôle d'annonciateur
du printemps lors de l'éclosion
de son premier bourgeon.

Le Noisetier

(Corylus)

Espèce sauvage très ancienne, dont on trouve la trace dès le Néolithique, le noisetier – également appelé coudrier – est l'une des rares espèces qui existaient déjà au Mésozoïque, il y a 70 millions d'années.

Dès lors, on comprend pourquoi les hommes lui ont voué de tout temps un respect immense, lui reconnaissant un caractère intemporel et magique. Suivant les régions et les civilisations, il a symbolisé tour à tour, ou simultanément, aussi bien la sagesse que la connaissance, l'expérience et le savoir. On reconnaît au noisetier de nombreux pouvoirs, notamment celui de faire naître des rêves prophétiques lorsqu'on s'endort sous ses branches. C'est aussi la raison pour laquelle les sourciers les utilisent pour confectionner les baguettes qui leur servent à localiser les courants d'eau souterrains.

Dans les *Bucoliques*, Virgile relate que *« les coudriers et les fleuves ont été les témoins de la douleur des nymphes occasionnée par la mort de Daphnis »*.

Au cœur de la mythologie celtique, le noisetier, considéré comme l'un des sept arbres sacrés du bouquet des druides, faisait office de gardien à la source des sciences. De nombreux textes relatent que les licornes et les fées, qui avaient à charge les initiations druidiques, se dissimulaient dans ses branches.

Les druides et les bardes confectionnaient dans le bois de noisetier les baguettes magiques qu'ils utilisaient lors de leurs incantations.

Une légende, qui a perduré au long des siècles, veut que les sorcières fabriquent leur balai dans le bois du noisetier. Le coudrier joue également un rôle majeur dans la légende médiévale de Tristan et Iseut, dont l'amour est symbolisé par une branche de noisetier enlacée par du chèvrefeuille.

NE LÉGENDE, QUI A ERDURÉ AU LONG ES SIÈCLES, VEUT QUE LES SORCIÈRES ABRIQUENT LEUR ALAI DANS LE BOIS U NOISETIER.

Une coutume ancestrale, dans le nord-ouest de la France, voulait que l'on place des noisettes sous le lit des jeunes mariés pour stimuler leur fertilité.
Le bois du noisetier est utilisé en vannerie, et ses fruits, les noisettes, sont abondamment consommés dans de nombreux pays.

Le coudrier est aussi très prisé, de longue date, pour ses vertus médicinales. Son écorce, ses chatons, ses feuilles ou ses fruits entrent dans la composition de nombreux traitements ayant des effets dépuratifs, diurétiques, antihémorragiques, astringents, cicatrisants et fébrifuges. Son action permet notamment de lutter contre la dermatose, les calculs urinaires, la sénescence, les ulcères et les varices, de chasser les parasites intestinaux et d'équilibrer les menus des diabétiques.
En cosmétique, il entre dans la confection de nombreux produits de beauté.

Le Noyer

(Juglans)

De tout temps, le noyer a été connu pour empêcher la moindre plante de croître à son voisinage. Cela tient à un composé chimique qu'il sécrète, le juglon, qui s'oxyde en touchant le sol et inhibe la germination et la croissance de la végétation à proximité de l'arbre.

De là est venue une lointaine superstition qui recommandait de ne pas se coucher ou s'endormir à l'ombre d'un noyer, sous peine d'encourir des nausées ou des maux de tête, et dans le pire des cas d'être visité par le diable. Une légende prétend même que le noyer est le refuge des sorcières, les brumes matinales entourant les arbres au matin étant les traces qu'elles abandonnaient derrière elles en allant errer dans les campagnes. Il était même autrefois interdit de tailler des statues de la Vierge dans le tronc d'un noyer.
La mythologie grecque n'était pas en reste et considérait que Dionysos, le dieu de la vigne, avait changé la plus jeune fille du roi Dion, Karya (son nom signifiant « noyer » en grec ancien), en noyer.
Les Gaulois, pour leur part, s'en méfiaient, intrigués par le fait qu'il était souvent solitaire et qu'aucune végétation ne l'entourait.

Plus tardivement, au cœur de la chrétienté, une vieille légende campagnarde rapportait que le fait de cueillir des branches de noyer la veille de la Saint-Jean, puis de les suspendre dans la maison, protégeait toute la maisonnée de la foudre et de la folie. Longtemps, offrir une noix fraîche aux jeunes mariés, devant l'église, a symbolisé l'attachement de l'un pour l'autre, à l'image de la noix dont les deux cerneaux sont intimement liés dans leur coquille.

En Écosse, une vieille coutume incitait les jeunes mariés à faire brûler deux noix dans le foyer d'une cheminée ; dans leur manière de brûler et le feu qui en résultait, on était censé pouvoir présager l'avenir de leur union.
À cause de la forme de ses fruits, ressemblant aux deux hémisphères d'un cerveau humain, pour certains le noyer symbolise l'intelligence.

Dans les campagnes, dès le Moyen Âge, cet arbre a toujours été très apprécié, pour les fruits, le bois, l'écorce, les feuilles qu'il produit. Lorsque la récolte de noix est bonne, c'est généralement considéré comme de très bon augure pour les mois à venir, notamment pour la récolte de blé de l'année suivante.

Des générations de paysans, dans de nombreux pays, ont porté des sabots fabriqués dans le bois résistant d'un noyer. On utilisait autrefois la noix, mâchée et en cataplasme, pour des applications sur le crâne, afin de faire repousser les cheveux. De nos jours, elle est surtout utilisée pour faire de l'huile, de la teinture par son brou. Quant au bois du noyer, il est très prisé en ébénisterie.

Il était autrefois interdit de tailler des statues de la Vierge dans le tronc d'un noyer.

L'Olivier

(Olea europaea)

Légendaire, la longévité de l'olivier dépasse fréquemment celle du chêne. Avec son tronc tortueux façonné par les ans et ses feuilles argentées, il est souvent considéré comme un arbre millénaire, pouvant subsister dans des régions très arides, notamment dans les pays du pourtour méditerranéen. Un vieux dicton provençal dit qu'*un olivier de 100 ans est un jeune homme*.

Dans un de ses écrits, Pline l'Ancien fait référence à un olivier de 1600 ans. Plus récemment, certains oliviers du jardin de Gethsémani, à Jérusalem, dateraient de l'époque de Jésus. Un spécimen, en Crète, serait estimé à plus de 2000 ans, et un autre en Croatie à près de 1600 ans. Un olivier se dressant dans le village libanais de Chaqra, surnommé *l'arbre des Perses*, serait, lui, âgé de 2700 ans.

L'olivier est un arbre qui a été chargé de sens depuis l'aube des temps, évoquant aussi bien la force, la paix, la fécondité, la longévité, que la purification, la victoire, la récompense. Dans la mythologie grecque, il était consacré à Athéna, qui en a fait le symbole d'Athènes. Selon une lointaine légende, la déesse et Poséidon se disputaient la possession de l'Attique, avec pour arbitre le roi Cécrops. En réponse à Poséidon qui avait frappé l'Acropole, faisant jaillir une source d'eau salée, Athéna gratta sa lance et fit naître du sol aride gorgé

de soleil un arbre immortel destiné à nourrir et soigner les hommes : l'olivier. Cécrops jugea que le présent de la déesse serait plus utile à son peuple, en faisant désormais la protectrice d'Athènes.

La chrétienté des origines lui faisait aussi une part belle, la Bible soulignant qu'au terme des épreuves subies lors du déluge, la colombe qui atteignit l'arche de Noé portait un rameau d'olivier dans son bec. Il y est dit, également, que la Croix du Christ aurait été fabriquée en cèdre, en olivier, en cyprès et en palmier.

Dans les rituels du judaïsme et du christianisme, l'huile d'olive, symbole de paix, de réconciliation, de bénédiction et de sacrifice, est utilisée pour les onctions sacramentelles.

Le Coran voit également dans l'olivier un arbre béni entre tous, synonyme d'universalité et de lumière divine, dont la pureté de l'huile peut guider les hommes vers l'essence de la vie. Durant le Moyen Âge, l'olivier était fréquemment perçu comme un symbole d'amour, d'une pureté égale à celle de l'or. On notera qu'aujourd'hui encore le rameau d'olivier orne notamment le drapeau des Nations unies.

Les fruits de l'olivier – les olives –, trop amères pour être consommés dès la récolte, peuvent être traités sous forme de confiseries, de condiments, ou encore d'huile pour accompagner un grand nombre de mets et de préparations culinaires.
Les vertus médicinales de l'olivier sont également importantes. Il est reconnu depuis fort longtemps que l'huile d'olive a des effets cholagogues et laxatifs. Sa teneur élevée en vitamines A et E, ainsi qu'en acides gras mono-insaturés, garantit des bienfaits notables, notamment pour contrer les effets du cholestérol. Elle est également à la base du fameux « régime crétois », préconisé pour lutter contre les affections cardio-vasculaires et renforcer les capacités antioxydantes de l'organisme.

L'olivier est aussi très prisé en tant que plante médicinale, ses feuilles ayant un effet diurétique, hypotenseur, vasodilatateur et antidiabétique.

Sur le plan du bien-être, le savon d'Alep et le savon de Marseille, confectionnés en partie avec de l'huile d'olive, sont réputés pour être des régénérateurs actifs de la santé de la peau.

L'Orme

(Ulmus)

De tout temps, l'orme a été considéré comme un arbre ayant des pouvoirs surnaturels. Il faut y voir la raison pour laquelle on lui reconnaissait une certaine aura, pour ne pas dire une autorité vis-à-vis des hommes, qui conduisit nombre de rois, de souverains et de juges à rendre la justice sous ses branches.

Autrefois, l'orme était souvent dédié à Bacchus, non seulement car il servait à étayer les pieds de vigne, mais aussi parce qu'il entrait dans les rituels dédiés au dieu du vin et de la vigne.

C'ÉTAIT AUSSI L'ARBRE DÉDIÉ À ONEIROS, LE DIEU DES SONGES ET DE LA NUIT.

Une légende très ancienne laisse entendre que dans un lointain passé, au cœur de contrées fort éloignées, les nymphes en personne plantaient des ormes près de la tombe des héros tombés bravement au combat. On reconnaît depuis à cet arbre une puissance extrême et toutes les qualités de la guerre. C'était aussi l'arbre dédié à Oneiros, le dieu des songes et de la nuit, fils d'Hypnos, le dieu du sommeil.

Il était dit que les fruits de l'orme accompagnaient les âmes des défunts lors du jugement suprême. On a longtemps attribué à l'orme le pouvoir de guérir un certain nombre de maladies de peau, à commencer par la lèpre. Dans les campagnes, il était également fréquent d'utiliser l'écorce de l'orme pour concocter des remèdes atténuant les douleurs rhumatismales.

Les feuilles de l'orme étaient autrefois appliquées directement sur les plaies, pour mettre fin aux hémorragies. Aujourd'hui, certaines préparations à base d'orme permettent d'endiguer des effets négatifs des dartres, de l'eczéma et des dermatoses. Il permet également de ralentir le développement de la calvitie.

Une croyance solidement ancrée dans les esprits raconte qu'au Moyen Âge trois ormes multi-centenaires auraient détourné la peste d'un village de la Somme, alors que la région entière était dévastée par une grave épidémie. Il devint dès lors un symbole vivant de l'énergie naturelle qui est en chaque homme et peut l'aider à surmonter toutes les épreuves.

Le Palmier

(Arecaceae)

Le palmier est au nombre des espèces végétales les plus anciennes. On en trouve des traces fossiles datant du Crétacé, il y a environ 120 millions d'années.

Généralement, le palmier symbolise le désert, la chaleur, les côtes au bord de l'océan et les étendues tropicales. Faisant preuve d'une grande capacité d'adaptation, il est présent aussi bien dans les décors traditionnels des oasis du Sahara, dans les marais ou les mangroves d'un climat subtropical et dans les forêts équatoriales qu'à plus de 4000 mètres d'altitude dans la cordillère des Andes. Bien que les botanistes ne le considèrent pas réellement comme un arbre mais plutôt comme une « herbe géante », car il n'a pas de vrai bois, la coutume ancestrale veut qu'on en parle comme d'un arbre à part entière, que l'on a longtemps associé au mythe du soleil, évoquant la gloire, l'immortalité, le martyre, le triomphe

sur la mort et la renommée qui en découle. L'homme y a longtemps vu un symbole de fécondité, l'élévant parfois au rang d'arbre de vie.

> **UTREFOIS, ON FFRAIT UNE RANCHE DE ALMIER AU AINQUEUR D'UNE PREUVE SPORTIVE.**

Autrefois, on offrait une branche de palmier au vainqueur d'une épreuve sportive, tel un emblème sacré de sa victoire. La Rome ancienne voyait dans le palmier un signe de bon augure, un présage de réalisation positive et bienfaitrice. Après son union avec Zeus, et avant de donner naissance à Romulus et Rémus – qui plus tard fonderont Rome –, Rhéa Silvia aurait vu en songe les deux enfants se dressant vers le ciel tels deux palmiers flamboyants.

Selon une croyance, la Sainte Croix aurait été fabriquée à partir de palmier, de cèdre, d'olivier et de cyprès.
Depuis des millénaires, les fruits du palmier, qu'il s'agisse des noix de coco ou des dattes, ont nourri des peuples entiers au long de leur évolution. On les exploite aussi sous forme de sucre, de vin de palme, d'huile de palme, de coprah, de sagou ou encore de chou palmiste.

On en fait également un usage thérapeutique avec la noix d'arec, également appelée « noix de bétel », une préparation à mâcher très prisée (riche en éléments proches de la nicotine), ou encore le sang-dragon, une résine utilisée en médecine traditionnelle chinoise et germanique pour contrôler la douleur, les saignements, et faciliter la cicatrisation.

Le Peuplier

(Populus)

Tiré du latin *populus* et du français ancien *poplier,* le nom de cet arbre est directement lié au peuple, et plus généralement à l'homme. Il fait également référence à sa flexibilité et à sa grande souplesse qui lui permettent, quelle que soit sa hauteur – parfois impressionnante –, de ne « pas plier ». On le considérait ainsi, autrefois, comme l'arbre du peuple, sous lequel on prenait en commun les décisions majeures pour la communauté à laquelle on appartenait.

Dans l'Antiquité, déjà, on conférait au peuplier une aura particulière. Au cœur de la mythologie grecque, lorsqu'il décide de descendre aux enfers pour s'emparer du chien Cerbère, Hercule prend la précaution de s'envelopper le crâne de rameaux de peuplier qui *« blanchissent au contact de la sueur dans sa partie inférieure et noircissent par les fumées infernales en sa partie supérieure »*. Par extension, le peuplier fera référence à « l'autre monde », à la perpétuation des âmes au-delà de la vie et de la mort.

Poursuivie par le dieu Hadès, la nymphe Leucé parvient à lui échapper en se métamorphosant en peuplier blanc, résidant dès lors dans l'autre monde. Depuis ces temps lointains, on honore le peuplier blanc car sa double couleur fait référence aux deux mondes, celui des vivants et celui des morts.

Dans la Rome antique, Pline l'Ancien évoque l'utilisation qui est faite de l'arbre auprès des défunts, que l'on recouvre alors de peuplier noir.

Les vertus médicinales du peuplier, reconnues de longue date, sont toniques, expectorantes, fébrifuges, diurétiques, aseptisantes et vulnéraires. On utilise également ses extraits pour traiter les hémorroïdes, les problèmes urinaires, les intoxications alimentaires, les affections pulmonaires, les douleurs articulaires, les gerçures et les rhumatismes. Longtemps, les Amérindiens ont utilisé sa résine pour traiter les maladies de peau.

Par extension, le peuplier fera
référence à « l'autre monde »,
à la perpétuation des âmes
au-delà de la vie et de la mort.

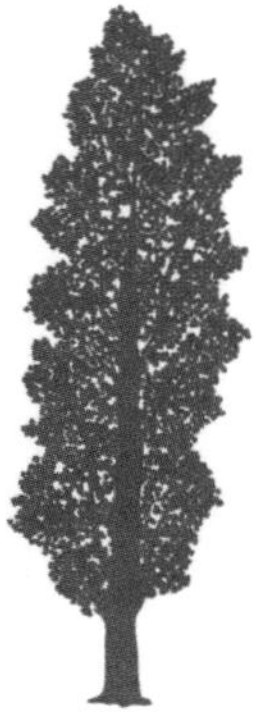

Le Pin

(Pinus)

Résineux qui pousse généralement au bord de la mer, le pin ne compte pas moins de 111 espèces, dont une douzaine pouvant vivre jusqu'à 1 000 ans, deux d'entre elles ayant même été recensées à près de 5 000 ans. Leur longévité est particulièrement utile aux scientifiques dans le cadre de la dendrochronologie et de l'étude du climat des derniers millénaires.

Son feuillage persistant en forme d'aiguilles (les aiguillons) et sa résine incorruptible en ont fait de longue date un symbole d'immortalité, d'une puissance vitale résistant aux aléas du temps.

Sa proximité avec les rivages et les océans a conduit la Grèce antique à le considérer comme « l'arbre de Poséidon », le dieu de la mer.

A PROXIMITÉ AVEC
ES RIVAGES ET LES
CÉANS A CONDUIT
A GRÈCE ANTIQUE
LE CONSIDÉRER
OMME « L'ARBRE
E POSÉIDON ».

Lors des jeux publics organisés entre les cités grecques antiques à l'isthme de Corinthe – les célèbres « Jeux isthmiens », ayant lieu la première et la troisième année de chaque olympiade en l'honneur de Poséidon –, on louait les vainqueurs en leur offrant une couronne de pin. Lors des fêtes traditionnelles et de nombreuses célébrations, l'arbre était alors fréquemment associé à la perfection, ainsi qu'à la paix et aux miracles. Une lointaine légende raconte que Pan, une divinité de la Nature, protecteur des bergers et des troupeaux, poursuivit la nymphe Pithys de ses avances avec une telle insistance que cette dernière, pour lui échapper définitivement, se métamorphosa en pin noir.

En ésotérisme, le pin « parle » tout spécialement aux initiés car, dans la grande majorité des espèces de cet arbre, le nombre d'aiguilles par fascicule (groupe unique d'aiguilles) fait partie des premiers termes de la suite de Fibonacci... ce qui est très éloquent pour les connaisseurs du nombre d'or. Quant à elle, la haute cime du pin, semblant tendre vers le ciel, servait autrefois d'exemple fascinant et quelque peu magique, sous la conduite d'initiés, pour s'envoler vers les étoiles dans des rêves interminables.

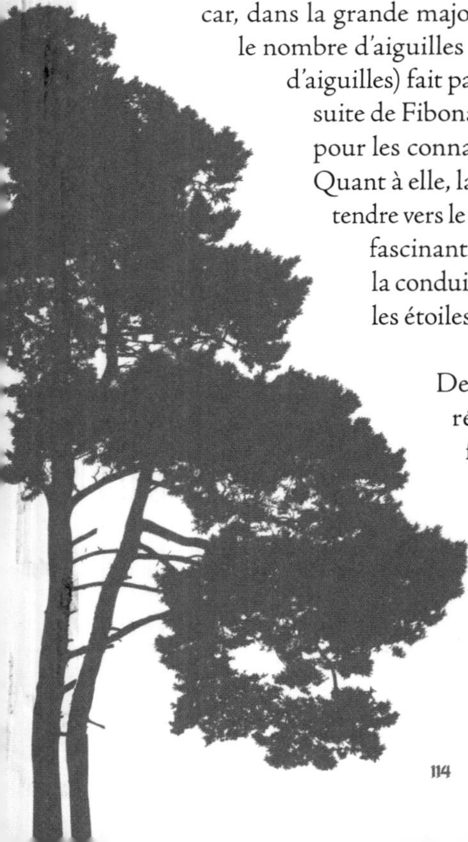

De nos jours, le bois du pin, très résistant, est utilisé dans la fabrication des bateaux. On extrait de sa résine le calfat, qui sert à étancher leur coque. En œnologie, on tire du pin un additif qui permet de conserver le vin tout en l'aromatisant.

Le Platane

(Platanus)

Arbre imposant, peuplant en majorité les régions tempérées subtropicales de l'hémisphère Nord, le platane affiche parfois une taille impressionnante, atteignant jusqu'à 60 mètres de hauteur.

Dans un sol suffisamment humide, certains spécimens peuvent vivre jusqu'à 4 000 ans. Des fragments de pins fossilisés, découverts en Hongrie, évoquent déjà leur présence au Cénozoïque (– 66 millions d'années/– 2,58 millions d'années). Un platane hybride – *London Plane* –, encore visible au Royaume-Uni, dans le comté du Dorset, est célèbre – distingué notamment par le *Livre Guinness des records* – pour avoir été planté en 1749 lors de la commémoration du centenaire de la mort du roi Charles Ier.

S'inspirant du renouvellement de son écorce par plaques, la mythologie grecque a fait du platane un symbole de régénération. Dans la Grèce antique, les sportifs pratiquaient la gymnastique dans la plataniste, une plaine ombragée de platanes. De plus, la baguette ailée autour de laquelle s'enroulent deux serpents, attribut du dieu grec guérisseur Asclépios et aujourd'hui caducée des médecins, est en platane. Dans nombre de civilisations, on a longtemps considéré le platane comme l'arbre de vie par excellence, l'associant à la Déesse mère de la Terre Gaïa chez les Grecs et les Crétois, et à la déesse de la fertilité Tanit chez les Carthaginois. Une légende sikh raconte que « le sâdhu Baba Sri Chand planta un jour un tison en terre, d'où sortit un platane : si d'un tison on peut faire naître un arbre, alors d'un homme ordinaire on doit bien pouvoir faire jaillir le divin ».

Le Pommier

(Malus)

Nombreuses sont les civilisations qui ont considéré le pommier comme un arbre sacré, une « source magique » offrant la nourriture aux hommes par ses fruits.

Par voie de conséquence, il a longtemps été respecté et honoré en tant que symbole de toutes les valeurs et qualités reliant l'homme à la nature et aux formes de vie qui l'entourent, à savoir la sagesse, la connaissance, l'immortalité, la magie, la révélation, la science, l'autre monde, la fécondité, la beauté, l'amour, la perfection.

Dans la mythologie grecque, la nymphe Pomone, à la beauté légendaire, est la déesse des fruits. On la représente généralement tenant quelques pommes dans la main gauche. Héraclès, lors de l'un de ses 12 travaux, s'en va à l'extrême ouest, pour y chercher les pommes d'or gardées par les Hespérides.

On évoque souvent la pomme comme étant le fruit qu'Adam et Ève auraient cueilli sur l'arbre de la connaissance du bien et du mal dans le récit biblique. Le pommier était déjà considéré par les druides comme l'un des sept arbres sacrés de leur bosquet, duquel provenait une grande partie de la connaissance et de la science des hommes.

La légende veut que les licornes viennent se réfugier sous les branches des pommiers. Merlin, lui, enseignait sous un pommier, et il est dit que le nom d'Avalon, île mystérieuse où revivent les morts, signifiait littéralement « l'île des pommes ». Le pommier serait donc un arbre de l'autre monde, où reposeraient Arthur, Merlin, Morgane et Mélusine.

Les vertus médicinales de la pomme sont avérées depuis très longtemps, elle est un fortifiant et plus largement un préventif à la maladie. Un vieux proverbe anglais assure que manger une pomme chaque jour éloigne la maladie : « *An apple a day keeps the doctor away.* »

La pomme, sous différentes formes, est utilisée dans un certain nombre de traitements, notamment contre l'anémie, le diabète, l'infarctus du myocarde, le cholestérol, l'hypertension et l'asthénie, les maux de foie et d'estomac, mais aussi pour soulager les douleurs articulaires, les insomnies et le surmenage.

En cosmétique, la pomme entre fréquemment dans l'élaboration de produits destinés aux soins de beauté, de la peau et du visage.

Les pommiers sont cultivés
soit pour leurs fruits,
soit comme pollinisateurs,
soit comme arbres d'ornement.

Le Prunier

(Prunus domestica L.)

Les conquêtes de l'Empire romain ont introduit le prunier dans le nord des Alpes et ensuite dans une grande partie de l'Europe.Pline l' Ancien relate que la Syrie serait l'aire d'origine des prunéoliers (prunes de Damas), des mirabelles et des reines-claudes, après quoi ils auraient été introduits à Rome.

Les fruits du prunier, toutes espèces confondues, des mirabelles aux pruneaux d'Agen, sont symboles de virilité et de féminité. Sur le plan culinaire, il est fréquent d'utiliser les prunes comme fruits de table, pour faire des confitures, des pâtisseries, des fruits séchés (pruneaux), ou encore d'en tirer une liqueur jugée euphorisante (mirabelle, quetsche).

Le Sapin

(Abies)

Conifère originaire des régions tempérées de l'hémisphère Nord, le sapin doit son nom à une origine gauloise ou préceltique.

DE LONGUE DATE, IL SYMBOLISE LE LIEN ENTRE LE CIEL ET LA TERRE, LA FLUIDITÉ ESSENTIELLE QUI RELIE LE HAUT ET LE BAS, LE SPIRITUEL.

De longue date, il symbolise le lien entre le ciel et la terre, la fluidité essentielle qui relie le haut et le bas, le spirituel. On y décèle aussi les principes fondamentaux du matériel, de l'esprit.

Certains voient dans la majesté de sa stature dressée vers le ciel la générosité, le courage, la résistance, la lumière de l'espérance, l'élévation d'esprit et l'idéal spirituel.

Dans la Grèce antique, quiconque voulait attirer le regard protecteur d'Artémis, la déesse à l'arc d'argent, sur l'endroit où allait avoir lieu une naissance devait placer autour de la chambre des rameaux de sapin et, en un rituel consacré, les faire brûler comme des torches jusqu'à l'accouchement. Les Gaulois voyaient eux aussi dans le sapin un arbre magique, dédié à Druntia, la déesse du sapin, qu'ils célébraient et honoraient en tant que protectrice et reine des druides.

Pour les Celtes, le sapin représentait l'espoir perpétuellement renouvelé des forces de lumière sur les ténèbres, de la vie sur la mort.

Une croyance campagnarde très ancienne laissait entendre que le sapin empêchait la foudre de tomber et conjurait les mauvais sorts.

Dans les provinces germaniques, durant les fêtes du Mardi gras, on flagellait autrefois les femmes avec des branches de sapin, pour favoriser leur fécondité et avoir de beaux enfants. Au plan médicinal, il est reconnu depuis fort longtemps que le sapin favorise la respiration, ainsi qu'une meilleure circulation de l'énergie et du sang dans tout le corps. On lui reconnaît également des vertus toniques, diurétiques, comme accélérateur de cicatrisation des plaies. La résine du sapin est fréquemment employée, sous différentes formes, pour soulager l'asthme, la bronchite et la toux.

Le Saule

(Salix)

Le saule, principalement cultivé aujourd'hui pour l'ornement, a longtemps été respecté, voire craint, dans les civilisations les plus anciennes.

DANS L'ANTIQUITÉ, ON LUI ACCORDAIT VOLONTIERS UNE CONNOTATION NÉGATIVE.

Dans l'Antiquité, on lui accordait volontiers une connotation négative, analogue à une stérilité présumée, sous prétexte que ses fruits tombent généralement avant qu'ils ne soient mûrs. Certains y voient même la figure allégorique de la disette.

Une croyance tenace, relevée par Homère dans l'*Odyssée*, indiquait autrefois qu'une croix faite de deux rameaux de saule, jetée dans les eaux d'une source sacrée, permettait d'estimer si l'on était proche de sa fin de vie : si elle flottait, la mort surviendrait quelques mois plus tard ; si par contre elle coulait, l'échéance finale serait plus lointaine.

Ulysse lui-même, en route pour rencontrer Hadès, le maître des Enfers, est conseillé par la magicienne Circé qui fait référence au saule : « *Quand ton vaisseau arrivera au bout de l'Océan, tu trouveras un rivage plat et les bois sacrés de Perséphone : hauts peupliers noirs et saules qui perdent leurs fruits. Échoue là ta nef, près de l'Océan aux profonds remous ; toi, entre dans l'humide demeure d'Hadès* » (*L'Odyssée*, Homère). La mythologie orientale l'a également élevé au rang de symbole d'immortalité.

« Artémis du saule » (*Artemis lygodesma*) était à Sparte l'épithète d'Artémis, la déesse de la chasse.

Une branche de saule, liée à une de myrte, une de cédrat et une palme de dattier, est utilisée dans la religion juive lors de *Souccot*, la fête des cabanes (des tabernacles), l'une des trois fêtes de pèlerinage prescrites par la Torah.

Dans le cadre de la médecine, de nombreuses vertus sont attribuées au saule. On en tire notamment l'acide salicylique qui permet de produire l'aspirine, ainsi que des précipités entrant dans le traitement des rhumatismes, du pyrosis, des aigreurs d'estomac, des intoxications alimentaires, des douleurs arthritiques, ou encore de l'insomnie nerveuse.

Le Tilleul

(Tilia)

Arbre sauvage et ornemental à croissance rapide et aux fleurs odorantes, le tilleul a longtemps été considéré comme un arbre sacré dans la Grèce antique, l'Égypte ancienne, chez les Celtes et les Germains, où on lui reconnaissait un lien très étroit avec la douceur bienfaisante de la fécondité et de l'amour maternel. La religion chrétienne n'a pas été en reste, et a planté beaucoup de tilleuls près des églises au Moyen Âge.

Dans les pays germaniques, on en faisait aussi un « arbre de justice », sous lequel on statuait sur les différends et les affaires publiques. Par ailleurs, en France, en 1792, ce fut l'un des arbres choisis pour incarner symboliquement les valeurs de la Révolution française.

Dans les campagnes, on le gratifiait volontiers d'un réel pouvoir protecteur, au point d'en suspendre des branches dans les étables et les maisons. Il était courant de porter sur soi un sachet contenant de l'écorce de tilleul broyée, censée éviter toutes sortes de maladies ou de mésaventures, telles les chutes ou les blessures.

Autrefois, dans les Flandres, on accrochait souvent des images de la Vierge aux branches d'un tilleul, pour éloigner les sorcières tentées de se réunir sous cet arbre qu'elle affectionnaient particulièrement.
Une légende dit que les elfes avaient aussi coutume d'honorer cet arbre, dansant autour de lui « en laissant sur le sol des cercles verts ».

Les vertus médicinales du tilleul sont, quant à elles, bien connues et ont conduit depuis fort longtemps à l'utiliser dans des traitements contre les affections de la peau, les maladies épidémiques, la paralysie, les vertiges et les œdèmes. Sous forme de tisane, ses fleurs ont des propriétés adoucissantes reconnues.

Une légende dit que les elfes avaient aussi coutume d'honorer cet arbre.

Des arbres hors du commun

Il existe, aux quatre coins du monde, au cœur de gigantesques forêts, ou le plus souvent isolés sur des terres peu visitées, des arbres rares, à la silhouette reconnaissable entre toutes, dont la longévité exceptionnelle traduit une existence passée auprès de plusieurs générations d'êtres humains, accompagnant la vie d'une communauté, tels des témoins bienfaiteurs et sécurisants aux allures de protecteurs, durant parfois plusieurs siècles.

Qu'ils se trouvent en Europe, en Afrique, en Amérique latine, en Asie ou en Iran, tous portent sur leur tronc façonné par le temps, dans leurs branches noueuses torturées par les vents, dans leur feuillage épais ou clairsemé, dans leur haute cime approchant le ciel ou à hauteur d'homme, la marque de l'énergie puissante qui habite le grand peuple des arbres, quels que soient l'espèce, la taille ou les fruits de chacun de ses spécimens.

Le Chêne d'Allouville

Le chêne d'Allouville, en France, classé monument historique en 1932 et considéré comme le plus vieil arbre de son espèce, est âgé de 1 200 ans. Il avait déjà plus de 500 ans quand, au XVIIe siècle, deux chapelles ont été superposées dans son énorme tronc.

Touché par la foudre en 1912, il n'en est pas moins resté fièrement debout, tel un authentique témoin de l'histoire de France.

Le Shajarat-al-Hayah

L Y AURAIT MAINTENANT PRÈS DE 400 ANS QU'IL SE DRESSE SEUL, AU MILIEU DU DÉSERT.

Voici un autre arbre à l'existence exceptionnelle, le Shajarat al-hayah (Arbre de vie), qui se situe à Bahreïn, dans le golfe Persique. Il y aurait maintenant près de 400 ans qu'il se dresse seul, au milieu du désert, non loin de Jebel Dukhan, dans la zone la plus élevée de Bahreïn, ce qui en fait l'une des curiosités les plus visitées du Moyen-Orient.

Pour expliquer comment il a pu survivre plusieurs siècles dans un environnement aussi inhospitalier, une légende laisse entendre qu'il se trouverait à l'emplacement exact du mythique jardin d'Éden.

Le Major Oak

Au cœur de l'Angleterre, dans le comté de Nothingham, la forêt de Sherwood n'est pas uniquement célèbre pour avoir abrité autrefois les exploits des bandits de grand chemin. On peut aussi découvrir une autre célébrité que l'on vient voir de très loin tant elle impressionne tous ceux qui l'approchent.

Il s'agit du Major Oak, un chêne millénaire de 23 tonnes, aux branches énormes désormais soutenues par des étais et qui aurait caché dans son tronc Robin des Bois et ses comparses. Sa base imposante – plus de 10 mètres de circonférence – laisse penser qu'en réalité, ce spécimen pourrait être né de la fusion de plusieurs chênes.

L'Arbre du Ténéré

Parmi les arbres dont l'aura et la réputation ont franchi le temps et les espaces désertiques, l'arbre du Ténéré, un acacia légendaire, a longtemps fasciné ceux qui l'approchaient.

Isolé au cœur du désert du Ténéré, sans aucun autre arbre d'une quelconque espèce à moins de 400 kilomètres, il était le dernier survivant d'un groupe d'arbres implanté sur ce sol totalement désertique.

Alors que les spécialistes se demandaient comment il avait pu survivre dans un environnement tellement aride et des conditions aussi difficiles, le forage d'un puits, en 1938, révéla que ses racines descendaient puiser l'eau à plus de 30 mètres de profondeur.

Au fil du temps, il devint un symbole de survie et d'éternité pour les nomades Touaregs, qui en firent un point de repère pour les caravaniers traversant le désert.

U FIL DU TEMPS, . DEVINT UN YMBOLE DE SURVIE T D'ÉTERNITÉ POUR ES NOMADES OUAREGS.

Percuté et déraciné par un camionneur ivre en 1973, cet arbre mythique a été conservé au musée national du Niger, une statue métallique étant désormais érigée là où il s'était dressé durant tant de décennies.

L'Arbre de Tule

La renommée de l'arbre de Tule a franchi depuis bien longtemps les frontières du Mexique, où il se dresse depuis près de 1 500 ans.

C'est dans l'État mexicain d'Oaxaca, à côté de l'église Santa Maria del Tule, que ce cyprès de Montezuma dresse son imposante stature. Véritable monument végétal, il arbore avec fierté une silhouette considérée comme l'une des plus imposantes au monde, non pas pour sa hauteur relativement courante de 41 mètres, mais pour la circonférence de son tronc, qui atteint les 36 mètres, en faisant l'arbre le plus épais connu à ce jour !

Une ancienne légende, longtemps transmise dans les peuplades précolombiennes, relate qu'il aurait été planté par un prêtre aztèque, plus de 500 ans avant l'invasion des colons espagnols, ce qui lui vaut, aujourd'hui encore, d'être vénéré comme un arbre sacré. Certains initiés racontent que l'on peut apercevoir des formes animales dans les replis et les protubérances de son tronc noueux.

En 2001, l'État mexicain a porté l'arbre de Tule sur la liste des monuments candidats à l'inscription au patrimoine mondial de l'humanité.

Le General Sherman

C'est au cœur du Séquoia National Park, en Californie, que se dresse le célèbre General Sherman, un séquoia haut de 83 mètres (l'équivalent de 27 étages), dont l'âge a été estimé à plus de 2 000 ans.

Avec un poids de tronc évalué à 1 385 tonnes et un volume avoisinant 1 487 m^3, le General Sherman est considéré comme l'un des organismes vivants les plus imposants ; il est encore capable de produire, chaque année, l'équivalent d'un arbre de 18 mètres en volume de bois.

Le Cyprès d'Abarqu

Il faut gagner la province de Yazd, en Iran, puis pénétrer dans l'enceinte de la Grande Mosquée d'Abarqu pour découvrir un arbre sacré et millénaire.
Fort de ses 25 mètres de haut et de ses 11 mètres de tour de tronc, le colossal Cyprès d'Abarqu est vénéré comme un authentique monument national. La légende veut qu'il ait été planté par le prophète Zoroastre, il y a plus de 3 000 ans.

Mathusalem

L'arbre le plus âgé de la planète, considéré comme le plus vieil organisme non clonal (issu d'une source unique depuis sa naissance), est un pin de Bristlecone, nommé Mathusalem, que l'on peut contempler et admirer en Californie, dans les White Mountains. Les prélèvements ont permis de déterminer scientifiquement qu'il aurait plus de 4 800 ans… ce qui signifie qu'il aurait été planté à l'époque de la construction des grandes pyramides d'Égypte.

Le Vieux Tjikko

Si Mathusalem est le plus vieil arbre non clonal, il en est un autre, encore plus âgé, qui pour sa part est le plus ancien sujet clonal, c'est-à-dire dont la partie visible n'existe que depuis quelques siècles, mais dont les racines ont été datées à 9 550 ans !

Découvert très récemment, en 2004, le Vieux Tjikko est un épicéa qui se dresse sur une montagne suédoise, dans le comté de Dalécarlie. Les scientifiques considèrent aujourd'hui que l'actuel réchauffement climatique pourrait être la cause d'un développement plus conséquent que par le passé de cet arbre multimillénaire.

Le Pando

Lorsqu'on parle d'arbres hors du commun, on évoque généralement des sujets uniques, voire isolés, dans un environnement qui a été propice à leur développement et leur longévité exceptionnels. Mais il est des cas, tout aussi insolites, où c'est un « organisme collectif » qui a traversé le temps.

Le Pando est au nombre de ces groupes d'arbres très anciens qui ont fasciné des générations de visiteurs, à la fois par le nombre de sujets réunis et par la surface couverte. La colonie clonale en question, composée de peupliers faux-trembles, est située dans l'Utah, dans l'ouest de l'Amérique du Nord. Elle s'étend sur 43 hectares et compte 47 000 arbres génétiquement identiques, tous reliés par un même système de racines. Les scientifiques considèrent que chacun de ces arbres a une espérance de vie d'environ 125 ans, mais les analyses démontrent que l'ensemble de la colonie se perpétue depuis près de 80 000 ans. Cela conduit à penser qu'il pourrait s'agir du plus ancien organisme vivant sur cette planète.

Conclusion

Les arbres ont toujours fait partie de la vie de l'homme. Ils l'ont nourri, protégé, réchauffé, et aussi fasciné par leur envergure, leurs tremblements discrets ou impétueux, leur aptitude à traverser le temps, imperturbables. Les arbres font ainsi partie de la magie de la vie, avec leurs mystères, leur stature impressionnante, leur cime dressée vers le ciel comme pour tenter de le rejoindre. Des plus anciennes civilisations jusqu'à nos jours, les arbres nous ont donné des leçons de vie, de majesté, de patience et d'endurance.

Mais la fascination pour les arbres se nourrit aussi de toutes ces existences à peine perceptibles qui, dans les forêts, sur les flancs des montagnes ou au bord des océans, leur sont intimement liées. Ce sont les fées, les elfes, les entités d'autres dimensions qui, sous de multiples formes, apparaissent aux druides, aux chamans et aux sorciers.

La magie des arbres que l'on perçoit aujourd'hui s'est longuement imprégnée des contes et légendes millénaires. Chaque arbre que l'on rencontre est porteur et détenteur de cette richesse mémorielle des temps anciens. Nombreux sont les arbres plusieurs fois centenaires, certains voyant même les hommes défiler autour d'eux depuis plus de mille ans. De toute évidence, leur présence, leur aura, leur énergie se sont répandues alentour pour insuffler la vie, dispenser l'oxygène, perpétuer l'énergie dont les hommes avaient besoin pour grandir. Il ne peut en résulter qu'un immense respect pour les arbres qui aujourd'hui encore sont nos proches compagnons.

Il existe de nos jours 60 065 espèces d'arbres dans le monde. Le Brésil en compte à lui seul 8 175, la Colombie 5 776, l'Indonésie 5 142 et l'Amérique du Nord 1 400.

Une récente étude du BGCI (Botanic Gardens Conservation International) indique que sur 20 000 espèces d'arbres évaluées à ce jour, 9 600 sont menacées d'extinction et 300 en situation très critique ; quant aux 40 000 espèces encore non évaluées, il est jugé probable qu'environ 8 000 d'entre elles pourraient également disparaître. Ce bilan a conduit à mettre en œuvre un important projet de collecte de graines afin de replanter les espèces en danger, évitant ainsi les effets dévastateurs de la déforestation et de la surexploitation des forêts.

Quand bien même le monde moderne nous en éloigne parfois, il est essentiel d'entretenir un lien fort et vibrant avec ces entités de la nature qui participent à notre équilibre. Les scientifiques s'accordent ainsi à reconnaître que la disparition des arbres annoncerait immanquablement celle des hommes.

Dès lors, il nous appartient de continuer à enrichir la relation intime qui nous lie aux arbres et à leur univers empreint d'une magie et d'une force, autant subtiles qu'invisibles, dont nous avons tant à bénéficier.

Bibliographie

ARVAY Clemens G., *L'Effet guérisseur de l'arbre*, Courrier du Livre, 2016.

BOUCHARDON Patrice, *Accueillir l'énergie des arbres guérisseurs* (livre + CD), Rustica, 2016.

BOYER Marie-France, *Le Langage des arbres*, Thames & Hudson, 1996.

BROCHARD Daniel, *Le Traité Rustica des arbres fruitiers*, Rustica, 2016.

BROSSE Jacques, *Mythologie des arbres*, Payot, 1993.

CARNOY, E. Henri, *La Mort jouée*, in *Contes français*, 1885

DRÉNOU Christophe, *Les Racines, face cachée des arbres*, Institut pour le Développement Forestier, 2006.

HALLÉ Francis, *Plaidoyer pour l'arbre*, Actes Sud, 2005.

HALLÉ Francis, *La Vie des arbres*, Bayard Culture, 2011.

KLIMO, Michel, *L'Arbre merveilleux*, in *Contes et Légendes de Hongrie*, Maisonneuve, 1898

KOOISTRA Maja, *Communiquer avec les arbres*, Courrier du Livre, 2014.

MAATHAI Wangari, *Celle qui plante les arbres*, J'ai lu, 2011.

MERCIER Mario, *L'Enseignement de l'Arbre Maître*, Éditions du Relié, 2009.

MORE David, *Guide Delachaux des arbres d'Europe*, Delachaux et Niestlé, 2014.

POLLET Cédric, *Écorces – Voyage dans l'intimité des arbres du monde*, Ulmer, 2008.

REILLE Maurice, *Dictionnaire visuel des arbres et arbustes communs*, Ulmer, 2015.

STRUTHERS Jane, *L'Oracle des arbres*, La Maisnie-Trédaniel, 2012.

VERTREES J. D., *Érables du Japon*, Ulmer, 2009.

WOHLLEBEN Peter, *La Vie secrète des arbres*, Les Arènes, 2017.

ZÜRCHER Ernst, *Les Arbres, entre visible et invisible*, Actes Sud, 2016.

Et aussi :

Extrait des poèmes mythologiques de l'Edda.

Genèse II, 9-10.

www.sagesse-marseille.com/lhomme-sage/symbolisme/le-symbolisme-de-larbre.html

Liste de quelques arbres vénérables en France, dont certains sont des Arbres Maîtres :

https://krapooarboricole.wordpress.com/liste-des-arbres-venerables/

Crédits iconographiques

iStockphoto : couverture, pp. 17, 50, 63, 74, 94, 98, 105, 118, 122 et 127 ; Shutterstock : pp. 10-11, 18-19, 23, 30, 35, 38-39, 41, 47, 53, 83, 85, 91, 113, 125, 132 et 135 ; Pascal Gérold : pp. 59, 69, 86, 118 et 126.

Gravures : iStockphoto et Shutterstock.

Direction : Guillaume Pô
Direction éditoriale : Élisabeth Pegeon
Édition : Vanessa Martel
Direction artistique : Julie Mathieu
Conception graphique et mise en pages : Studio Blick
Direction de fabrication : Thierry Dubus
Suivi de fabrication : Marie Dubourg

Achevé d'imprimer en décembre 2020 en Pologne par Dimograf.

Imprimé en Pologne sur du papier certifié FSC™ (issu de forêts gérées de façon repsonsable), sur les presses de Dimograf, un imprimeur labellisé pour ses pratiques respectueuses de l'environnement.

FSC
www.fsc.org
MIXTE
Papier issu de sources responsables
FSC® C018236